Das
Strategiebuch

RAINER ZIMMERMANN

Das
Strategiebuch

mit Artikeln von

Olaf Arndt

Tiglet Aslan

Dirk Barghop

Egbert Deekeling

Michael Fuchs

Tina Gräf

Nicola Karnick

Marius Kursawe

Kai Mahnert

Heinz-Werner Nienstedt

Walter Reese-Schäfer

Anne Rühl

Kathrin Schuberth

Manuela Stein

Deekeling Arndt: Think Tank

Campus Verlag
Frankfurt/New York

Inhalt

Die meisten Menschen sind Opfer, nicht Täter von Strategien. Das kann man besonders gut an der Fülle auflagenstarker Ratgeberliteratur beobachten, die den Begriff *Strategie* gern als Köder im Titel auslegt, um Binsenweisheiten als strategisches Denken zu verkaufen. Ein Autor profitiert hier jeweils auf Kosten von abertausenden Lesern. Bestseller wie Die Mäuse-Strategie oder Die Kakerlaken-Strategie erwecken gerne den Eindruck, dass es sich bei Strategie um ein Patentrezept, eine Masche handelt, die man nur regelmäßig anwenden muss, um erfolgreich zu sein. Das Rezept der schlauen Mäuse besteht darin, dass sie flexibel auf Veränderungen reagieren, die Masche der Kakerlaken, dass sie durch Selbstkontrolle ihr Überleben sichern. Solcherlei Einsicht in Banalitäten mag therapeutischen Nutzen haben für die oben erwähnten Opfer, aber echte Strategen können darüber nur lachen. Dass Strategien nützlich sind, scheint jedoch unumstritten, wenn schon das nackte Wort verkaufsfördernd wirkt. Worin besteht dieser Nutzen? Zunächst ist es wichtig zu verstehen, dass der Nutzen aus Strategie immer ein Mehrwert gegenüber dem üblich erwartbaren Nutzen sein muss. Nehmen wir an, Sie planen, 100 Apfelbäume zu pflanzen und lange Jahre Ernte einzufahren. Das ist ein guter Plan, der einen kalkulierbaren Ertrag an Äpfeln abwerfen wird, sofern Sie eine bestimmte Zeit warten und einen bestimmten Aufwand treiben, sofern das Wetter mitspielt und sofern Ihnen irgendjemand die Äpfel zu einem akzeptablen Preis abkauft. Das sind vier Rahmenbedingungen und Einschränkungen, die den Nutzen Ihres Plans in seiner Erfolgswahrscheinlichkeit und Erfolgsausbeute beeinflussen. Als Stratege wollen Sie diesen Bedingungen entfliehen und zu Ihren Gunsten gestalten: nicht bloß Äpfel ernten, sondern schneller als andere, mehr als andere, mit weniger Aufwand und weniger Risiko als andere. Strategischer Nutzen ist immer gesteigerter Nutzen. Er verkürzt die Zeit zur Erreichung eines Ziels, minimiert Aufwand und Risiko, erhöht die Ausbeute. Strategischer Nutzen ist immer auch Differenzierungsnutzen, denn er zählt nicht für sich allein, sondern nur in Relation zur Nutzenausbeute der anderen.

Damit ist auch vollkommen klar, dass es keine Handlungsanleitung für strategisches Denken in dem Sinne geben kann, dass bestimmte Strategien als erfolgreich, andere als weniger erfolgreich angesehen werden. Denn in dem Moment, in dem die vermeintlich bessere Strategie von vielen angewendet wird, verliert sie ihren Differenzierungsnutzen und Mehrwert gegenüber anderen. Strategisches Handeln heißt Führung, heißt weiter zu denken und besser zu entscheiden als andere, die geführt werden. Echte Führung ist immer eigenständig, sie basiert nicht auf Patentrezepten, wohl aber auf Kompetenz. Die beruht wiederum nicht allein auf Erfahrung und Instinkt, sondern vor allem auf Wissen. Der Schulung dieses Wissens und der Inspiration strategischer Gestaltung dient das vorliegende Buch. Es breitet ein Repertoire strategischer Handlungsmuster aus, die individuell unendlich unterschiedlich angewendet werden können, so dass jeder Differenzierungsnutzen gewahrt bleibt. Sie werden einige Handlungsmuster kennen, andere nicht. In diesem Sinne erhöht dieses allgemeine Strategiebuch Ihre strategischen Freiheitsgrade und den Optionsraum.

Jörg Sasse. 8246, 2000

Der Begriff Strategie wird schon seit vielen Jahren inflationär verwendet, um eigenes Tun euphemistisch aufzuwerten. Strategisches Denken verkauft sich besser als nacktes Denken. Eine Strategiesitzung löst Ehrfurcht und Respekt aus, eine normale Sitzung zumeist Langeweile. Der Strategy Consultant hat höhere Tagessätze als der Consultant. Wenn man anfängt, über Strategie zu sprechen, halten eine Menge Leute sofort den Mund, weil sie glauben, darüber nicht mitreden zu können. Diese Aufrechterhaltung des Nimbus von Strategie bei gleichzeitiger Inflation, Entwertung und Diffundierung des Begriffs scheint nur auf den ersten Blick erstaunlich, denn der Bedeutungskern des europäischen Begriffs eines Strategen hat sich seit 2.500 Jahren stabil im kollektiven Bewusstsein erhalten, weil er zuverlässig auf die hierarchische Spitze von Organisationen und damit auf Führung verweist. Unser Erfahrungswissen sagt uns, dass immer dort ganz oben ist, wo über Strategie verhandelt wird. In vermutlicher Unkenntnis von Etymologie und Geschichte des Begriffs liegt das kollektive Bewusstsein in seinen Reflexen so immer noch nah an einem griechischen Krieger um 500 v. Chr., der den Blick hebt, um sich zu orientieren und nach Führung Ausschau zu halten, bei seinem Heerführer auf dem Hügel. Aus *stratós* |Heer, Lager| und *ágein* |führen| wird der Stratege geboren, das Prinzip der Führung |eines Ganzen| bleibt als semantisches Grundrauschen über die Jahrhunderte zurück. Strategie ist Herrschaftswissen und deshalb so attraktiv.

Nach dem Militär hat der Begriff dann vor allem in der Wirtschaft Konjunktur. Die Harvard Business School entwickelt ab 1960 erste Modelle einer systematischen Strategiepflege für Unternehmen im Wettbewerb, Alfred D. Chandler und Igor Ansoff formulieren Prinzipien des strategischen Managements. Für die Wirtschaftsunternehmen ist Strategie die Antwort auf steigenden Wettbewerbsdruck in sich allmählich sättigenden Märkten. Während Chandler und Ansoff ihre Theorien noch im Wesentlichen entlang der drei Clausewitzschen Kategorien Planung, Steuerung und Kontrolle entwickeln, also militärstrategisches Wissen auf die moderne Unternehmensführung übertragen, sind es Bruce D. Henderson und

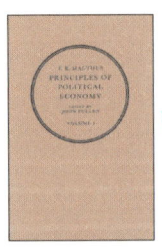

die Boston Consulting Group, die das strategische Repertoire der Evolutionsbiologie entdecken und für das strategische Management nutzbar machen. Nach Carl von Clausewitz und seinem Buch Vom Kriege ·1832· und Sun Tzus Die Kunst des Krieges ·ca. 500 v.Chr.· werten die Business Schools und Unternehmensberatungen in den USA jetzt auch Charles Darwin und seinen Zeitgenossen Thomas Malthus aus, dessen Bevölkerungstheorie und Hauptwerk Principles of Political Economy ·1820· die Probleme von dynamischen Systemen mit begrenzten Ressourcen offenbaren. Das darwinistische Vokabular der strategischen Unternehmensführung macht dieses Erbe in unserem Strategiebegriff bis heute sichtbar, wenn wir bspw. von Überlebensstrategie, Verdrängungsstrategie, Anpassungsstrategie oder Corporate Fitness sprechen. Der Wettbewerb zwischen Kriegsheeren und der zwischen Spezies wurde so zur Grundlage und Inspirationsquelle eines modernen Begriffs von strategischem Management, das von Unternehmen praktiziert wird, um Dominanz oder Signifikanz in ihren Branchen zu erlangen oder schlicht wirtschaftlichen Erfolg zu maximieren.

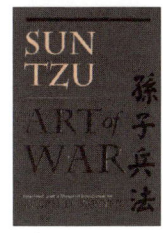

Mit dem Anspruch an Erfolg und Erfolgswahrscheinlichkeit wächst dann auch der Einsatz von Ressourcen zur Umsetzung solcher Strategien. Sie werden in den strategischen Konzepten von Igor Ansoff über Michael Porter bis zu Henry Mintzberg nicht mehr als strategische Entscheidungen, sondern als permanente Prozesse beschrieben. Die strategische Intelligenz eines einzelnen Menschen wird in diesen Konzepten implizit bestritten, weil nur große und ressourcenstarke Organisationen wahrhaft strategiefähig sein können. Sie müssen über lange Zeiträume von der Definition lohnender Ziele |unter vielen| über die Wahl geeigneter Methoden |unter vielen| bis hin zur Implementierung der Strategie |mit vielen| systematisch vorgehen und jeden Teilschritt absichern können. Strategie sollte nach Bruce D. Henderson die Zeit des natürlichen Wettbewerbs verkürzen und zu eigenen Gunsten beschleunigen. Aber nicht der einzelne Mensch, sondern nur Organisationen können den Bedingungen des natürlichen Wettbewerbs dauerhaft entfliehen. Otto Normalstratege schafft es nach dieser Lesart allenfalls zu einem

Strategie als permanente Erfolgsmaximierung

guten Plan und vielleicht noch zu Plan B, aber er wird die Permanenz strategischen Handelns nicht leisten können. Strategie ist in diesem Verständnis *eine in sich stimmige Anordnung von Aktivitäten, die ein Unternehmen von seinen Konkurrenten unterscheidet* |Michael Porter| oder präziser eine erfolgsorientierte Handlungsanleitung, die *auf situationsübergreifenden Ziel-Mittel-Umwelt-Kalkulationen beruht* |Joachim Raschke, Ralf Tils|. Strategie ist hier die Königsdisziplin zur systematischen Stabilisierung, Maximierung oder Rückgewinnung von Erfolg unter den Bedingungen von Zwängen und Zielen, einzusetzenden Mitteln und Einflussfaktoren der Umwelt.

Strategie und Demokratie

Jürgen Habermas stellte solchem strategischen Handeln als Modell der Erfolgsmaximierung das verständnisorientierte kommunikative Handeln als Idee einer besseren Welt gegenüber und hat so eine gewisse Strategievergessenheit vor allem in den Sozialwissenschaften gefördert. Durch seine klare Unterscheidung von strategischem und kommunikativem Handeln als zwei grundsätzlich verschiedene Handlungstypen hat er aber gleichzeitig auch zur Schärfung des Begriffs beigetragen. Das strategische Moment kommt immer dann ins Spiel, wenn ein Handelnder in seiner Erfolgsorientierung die Erwartung von Entscheidungen anderer einbeziehen muss. Daraus entstehen Tausch- oder Machtbeziehungen, die Habermas abwertend als bloß instrumentelle Beziehungen betrachtet |Theorie des kommunikativen Handelns. Frankfurt 1981|. Erst wenn an die Stelle der Erfolgsorientierung das verständnisorientierte Handeln tritt, können Interessenskonflikte jenseits von Kampf und Durchsetzung gelöst werden, ohne Sieger und Verlierer zu produzieren. Solche Werte liegen jedoch jenseits der Reichweite strategischen Denkens. Erschwert wird die Kultur strategischen Denkens in der Politik vor allem, weil Strategien eigentlich immer vom Ende her gedacht werden müssen |*respice finem!*|, während das politische Tagesgeschäft gerne die jeweils nächste Handlungsklippe ansteuert. Lineare Planung ist jedoch nicht strategisch, weil jeder einzelne Schritt Gegenreaktionen hervorrufen kann und das Spielfeld sich schnell verändert. Die politikwissenschaftliche Diskussion über die Steuerung politischer Prozesse hat gezeigt, dass eine situationsübergreifende

Kalkulation strategischer Handlungsmuster gerade durch die For-
mulierung von starren mittel- und langfristigen Zielen behindert
wird, die im politischen Geschäft charakteristisch und oft unver-
meidlich sind. Je fixierter die Ziele, desto geringer die strategischen
Freiheitsgrade.

Strategien können offen praktiziert und angekündigt werden, aber
viele Strategien können nur funktionieren, wenn sie verdeckt sind
und von den Prozessbeteiligten nicht durchschaut werden. Unter
den Bedingungen demokratischer Öffentlichkeit sind sie mit fairen
Mitteln kaum geheim zu halten. Strategie als Führungsaufgabe
verträgt sich insofern schlecht mit der innerparteilichen Demokratie und der von den Medien eingeforderten Prozesstransparenz. Der
Einsatz von Strategien in der Politik basiert deshalb weitaus häufiger auf der intuitiven Strategie eines einzelnen Politikers als auf
der generalstabsmäßigen Entwicklung strategischer Konzepte im
Führungskreis von Partei oder Regierung. Anders als in der strategischen Unternehmensführung gibt es so nur eine gering entwickelte
politikwissenschaftliche Theorie der Strategie.

Durch das Primat der wirtschaftswissenschaftlich orientierten Forschung ist der heute herrschende Strategiebegriff stark verkürzt auf
ein Methodenrepertoire zur Führung von Organisationen in Wett-
bewerbssystemen mit den als selbstverständlich vorausgesetzten
Zielen Dominanzstreben und Erfolgsmaximierung. Es ist schon er-
staunlich, dass ein so hochgeschätzter Begriff wie Strategie außerhalb der ökonomisch orientierten wissenschaftlichen Forschung die
anderen Disziplinen nahezu gar nicht interessiert hat. Der Diskurs
wird dominiert von Business Schools und Unternehmensberatern,
die Tonnen von Literatur zu strategischem Management verfasst
haben, ohne jedoch tiefer in das Wesen der Strategie selbst einzudringen. Eine Theorie der Strategie ist innerhalb der Ökonomie
deshalb aber noch nicht vorhanden, es gibt vielmehr Schulen | Pla-
nungsschule, kognitive Schule, Designschule, Positionierungsschu-
le |, die je unterschiedliche Theorien anbieten. Eine allgemeine The-
orie der Strategie, die sich auch außerhalb des Wirtschaftslebens
anwenden ließe, existiert bis heute nicht. Ein interdisziplinäres oder

Diskurslücken

gar interkulturelles Verständnis von Strategie sucht man vergebens. Weil es keine Theorie der Strategie gibt, können ganz einfache Fragen bis heute nicht beantwortet werden:

Wie viele Strategien gibt es eigentlich?

Endlich oder unendlich viele?

Gibt es große Strategien für die Großen und kleine für die Kleinen?

Gibt es Strategien für das Berufsleben und ganz andere für das Private?

Gibt es Strategien für Individuen und ganz andere für Organisationen?

Oder gibt es Strategien, die von allen und in allen Bereichen angewandt werden?

Wie kann ich mich als einzelner Mensch strategisch bilden?

Das Missverhältnis zwischen Forschung und Strategie wird besonders deutlich, wenn wir uns vergegenwärtigen, dass wir sehr wohl jeweils dutzende Antworten für Millionen spezifischer Strategiefragen in der Industrie kennen, ja dass wir über ein enormes strategisches Wissen verfügen, wenn es darum geht, einen maroden Stahlkonzern zu sanieren oder die Innovationszyklen eines Automobilproduzenten zu verkürzen. Der herrschende Strategiebegriff kennt eine Vielzahl von speziellen Strategien, aber keinen allgemeinen Begriff von Strategie. Strategie ist die unsichtbare Summe von Einzelmaßnahmen, welche die Unternehmen in allen Wertschöpfungsstufen betreiben, es ist eine black box, die der ökonomischen Elite in jeweils kleinen Ausschnitten zugänglich ist. Wer sich aufmacht, Antworten auf die Fragen zu bekommen, einen allgemeinen Begriff und eine Theorie der Strategie in Angriff zu nehmen, muss das Territorium jenseits von Krieg, Evolution und Ökonomie erkunden und jene Aspekte in den Strategiebegriff einpflegen, die unter dem Druck von Erfolgsmaximierung ausgeblendet wurden. Beginnen wir mit dem asiatischen und insbesondere chinesischen Verständnis von Strategie, den 36 chinesischen Strategemen, die Harro von Senger für den europäischen Kulturraum erschlossen und ab 1988 publiziert und interpretiert hat.

Strategie als Kanon

Im Unterschied zum westlichen Verständnis ist die Anzahl möglicher Strategien hier nicht unendlich groß, sondern auf 36 Grundfiguren beschränkt, die dann in ihrer Umsetzung unendlich variieren können. Im chinesischen Verständnis liegt der eigentliche strategische Akt in der Auswahl der am besten geeigneten strategischen Grundfigur aus dem Kanon der 36. Die Individualisierung und Anpassung der Grundfigur an die besonderen Verhältnisse sowie die Umsetzung dieser strategischen Entscheidung gehören bereits in den Bereich der Taktik. Der strategische Akt selbst lastet auf einer einzigen Entscheidung. Ganz anders die westliche Hemisphäre, die diesen Akt auf das Management vieler Entscheidungen verteilt. Strategie ist, nach Henry Mintzberg, *a pattern in a stream of decisions.*

Strategie als List

Ein zweiter wichtiger Unterschied zur westlichen Lesart liegt in der Allgemeinheitsfähigkeit des asiatischen Strategiebegriffs. Der Kanon ist ebenso allgemein bekannt und zugänglich wie seine Anwendungen in Geschichte und Alltag. Die Strategeme tragen keine Namen oder Funktionsbezeichnungen, sie sind poetisch und metaphorisch verortet: *Verrücktheit mimen, ohne das Gleichgewicht zu verlieren* Nr. 27, *Einen Backstein hinwerfen, um einen Jadestein zu erlangen* Nr. 17, *Die Akazie schelten, dabei auf den Maulbeerbaum zeigen* Nr. 16, nach Harro von Senger. Das strategische Vokabular ist also frei von Fachbegriffen und Fremdwörtern. Jeder Einzelne ist auch unabhängig von seiner sozialen Schicht zunächst sprech- und handlungsfähig in allen Strategiefragen, er kann den Kanon wie jeder andere für sich und seinen Alltag nutzen. Natürlich sind 36 Strategeme viel zu wenig für mehr als eine Milliarde Chinesen, mag man einwenden, aber die Unendlichkeit des Systems basiert nicht auf der Anzahl möglicher strategischer Denkfiguren, sondern auf der Vielfalt individueller Kreativität, Gewitztheit, Pfiffigkeit und Listenreichtum in ihrer Umsetzung. Die List spielt im chinesischen Verständnis von Strategie eine weitaus größere Rolle, darf jedoch nicht leichtfertig mit einem westlichen Verständnis von List als Hinterlist und Täuschung gleichgesetzt werden. Zwar können 12 der 36 Strategeme den Täuschungsstrategien zugerechnet werden |siehe Harro von Senger|, aber die dominante Bedeutung von List zielt auf eine individuell kreative, phantasievolle Art, schlau zu sein. Die strategische Leistung entsteht also aus der Wahl des strategischen Handlungsmusters |Entscheidung| und der individuellen Umsetzung |Kreativität|. Gegenüber der elitären Strategiekultur des Westens ist die chinesische zumindest in der Theorie barrierefrei.

Spielstrategien und Vermittlungsstrategien

Die strategische Kultur Asiens mit ihren drei differenzierenden Grundideen eines endlichen Kanons, individueller Unendlichkeit und vertikaler wie horizontaler Allgemeinheit kommt jedoch in den Konzepten und Theorien der Strategielehre nach Harvard Business School und McKinsey ebenso wenig vor wie strategisches Denken jenseits von Wettbewerbssystemen. Die Spieltheorie John von Neumanns ·1928· kommt zu neuen strategischen Lösungen, indem sie nicht von Wettbewerbssystemen, sondern nur von Systemen mit mehreren Akteuren ausgeht. Ob die Akteure dieses Systems konkurrieren oder kooperieren, wird theoretisch nicht vorausgesetzt. Das widerspricht wohl der martialisch-darwinistischen Grundprogrammierung einer marktwirtschaftlich orientierten strategischen Praxis und hat außer ein bisschen Randforschung bei den aus Sicht der Wettbewerbsstrategen niederen Kooperationsstrategien keine Spuren in der herrschenden Theorie der Strategie hinterlassen. Jenseits von Wettbewerbssystemen liegt auch die wichtige Gruppe der Vermittlungsstrategien oder pädagogischen und rhetorischen Strategien, die keine Wettbewerber kennen, sondern Rezipienten, nicht Erfolg über andere, sondern Lernerfolge für andere. Für die Vermittlung von Inhalten und Botschaften kennen wir Strategiemuster wie bspw. die dramatische Theorie des antiken Griechenlands und ihre moralische Erziehung durch FURCHT UND MITLEID, den Verfremdungseffekt von Bertold Brecht als Pädagogik der kritischen Distanz, wir kennen ANTHROPOMORPHISIERUNG als Strategie der Veranschaulichung, die Theorie des FÖRDERNS UND FORDERNS in der Pädagogik, wir kennen die Strategie der Verführung oder auch die Erlebnispädagogik, wir kennen Schockwerbung oder auch Gestaltungsstrategien wie FORM FOLLOWS FUNCTION | Louis Henry Sullivan | und *return to simplicity* | Dieter Rams |. Wir kennen das alles, aber es ist dennoch nicht Teil unseres Strategiebegriffs. Die Theorie der Strategie ist kriegerisch und ökonomisch dominiert, sie denkt Strategie immer schon als Waffenarsenal in Wettbewerbssystemen, nicht als Vermittlung und Pädagogik.

Man könnte auch anders argumentieren und sämtliche Vermittlungsstrategien in den Bereich der Wettbewerbsstrategien verweisen, weil die Vermittlung von Inhalten und Botschaften innerhalb eines Wettbewerbs um Aufmerksamkeit, Anerkennung und Ruhm stattfindet und dessen Bedingungen unterworfen ist. Georg Franck hat gute Argumente für die Existenz eines Marktes für Aufmerksamkeit vorgelegt und nachgewiesen, dass Aufmerksamkeit die Bedingungen einer Währung erfüllt, die wir untereinander handeln und auch strategisch investieren können. Aber auch Georg Franck und seine Theorie gehören zu den vielen Quellen strategischer Kultur, die keinen Eingang in unseren Strategiebegriff gefunden haben. Interdisziplinäres oder kulturell übergreifendes strategisches Wissen sucht man auf den über 31 Millionen Hits für Strategie auf Google vergebens. Die Domains und der Content sind nicht in der Hand von Politikern, Generälen oder Wissenschaftlern, sondern werden von Beratungsfirmen für die Wirtschaft und Ratgebern für das Publikum okkupiert. Es gibt sehr viele Bücher zum strategischen Management von XYZ, ein paar wenige zur politischen Strategie, aber kein einziges mit dem Versuch, das interkulturell und interdisziplinär vorhandene strategische Wissen im Überblick darzustellen.

Das ist in etwa die Ausgangslage, die das vorliegende Projekt eines Strategiebuches ins Rollen brachte. Ich will von vornherein klarstellen, dass dieses Buch nur die ersten Meter auf dem Weg zu ei-

Wettbewerbssystem
Aufmerksamkeit

**Auf dem Weg zu
einem allgemeinen Begriff**

ner Allgemeinheitsfähigkeit von strategischer Kultur gehen kann, allerdings erweisen sich erste Schritte in der Erschließung neuer Territorien in der Regel als besonders nützlich. Ich selbst habe als Philologe, Hermeneutiker, Soziologe und Kommunikationswissenschaftler, als langjähriger Unternehmer, Manager, CEO, als Berater für Politik, als Privatmann und Fußballfreund, als Ehemann und Vater Bekanntschaft mit vielen Formen strategischen Denkens und Handelns gemacht. Anfang der 90er Jahre entdeckte ich Harro von Senger und die 36 chinesischen Strategeme als Beispiel einer allgemeinheitsfähigen Kanonisierung strategischen Denkens. Etwa zur gleichen Zeit lernte ich Egbert Deekeling und Olaf Arndt kennen, mit denen ich seit jenen Tagen viele Strategieschlachten gemeinsam erlebt und gestaltet habe. Seit dieser Zeit verbindet uns eine Debattenkultur über Strategiefragen ebenso wie die Neugier, jenseits spezieller Strategie einen Fundus strategischen Denkens zu dokumentieren, der Orientierung und Inspiration für strategisches Handeln über Wissenschaftsgrenzen hinweg für Individuen ebenso bietet wie für große Organisationen. Der allgemeine Anwendungsnutzen eines vorhandenen strategischen Repertoires entsteht dabei nicht als willkürliche Selektion und Empfehlung eines Ratgebers, sondern durch eigene Auseinandersetzung mit und Adaption von objektivierbarer strategischer Praxis.

Klassifikation von strategischen Handlungsmustern

Mitte 2008 haben wir dann beschlossen, unser Erkenntnisinteresse mit einem Buchprojekt zu besänftigen. Wir haben begonnen, die uns bekannten strategischen Handlungsmuster interdisziplinär zu bearbeiten, ihren strategischen Kern herauszuarbeiten und in einem Raster zu erfassen. Die Klassifikation der strategischen Handlungsmuster erfolgt hier zunächst in einem einfachen und wenig differenzierten Modell, das die Zuordnung von strategischen Figuren aus unterschiedlichen Wissens- und Anwendungsbereichen ermöglicht.

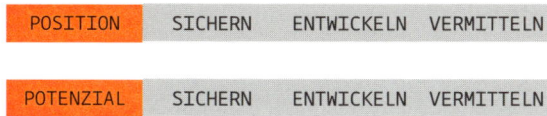

| POSITION | SICHERN | ENTWICKELN | VERMITTELN |

| POTENZIAL | SICHERN | ENTWICKELN | VERMITTELN |

Wir sind bei der Anlage dieses Modells von folgenden Annahmen ausgegangen:

1. Strategien werden eingesetzt, um die Erfolgswahrscheinlichkeit und Erfolgsausbeute einer Zielerreichung zu erhöhen oder die Zeit zur Erreichung dieses Ziels zu verkürzen.

2. Ziele beziehen sich entweder auf Positionen und Besitzstände oder auf Potenziale und Wachstum.

3. Positionen und Potenziale sollen mit Hilfe von Strategie gesichert, entwickelt oder gegenüber anderen vermittelt werden.

Dementsprechend klassifiziert das Modell in sechs verschiedene Strategietypen. Die in diesem Buch versammelten 72 strategischen Handlungsmuster beanspruchen keine Vollständigkeit. Sie sollen anregen, den Katalog universeller Strategien sukzessive zu erweitern. Um der Erfassung reiner Spezialstrategien vorzubeugen, die nur im ökonomischen Kontext zur Anwendung kommen, haben wir uns die Bedingung auferlegt, nur solche Handlungsmuster zu erfassen, deren strategische Relevanz in mindestens drei der fünf Anwendungsbereiche

Politik
Ökonomie
Natur
Alltag
Vermittlung

nachgewiesen werden konnte. Dieses Kriterium sichert den erfassten Handlungsmustern zunächst eine gewisse Allgemeinheitsfähigkeit über disziplinäre Grenzen hinweg, vor allem aber auch vertikale Repräsentativität in der Verknüpfung von hoher Strategie und Alltagsstrategie.

Dank Ich danke Egbert Deekeling und Olaf Arndt für zwei Jahrzehnte strategischer Kulturpflege und den Beratern von Deekeling Arndt Advisors für ihre interdisziplinäre und engagierte Mitwirkung. Ich danke insbesondere Prof. Dr. Walter Reese-Schäfer und Prof. Dr. Heinz-Werner Nienstedt, die das Projekt als wissenschaftliche Beiräte von Deekeling Arndt Advisors akademisch begleitet haben. Zu großem Dank verpflichtet bin ich auch meiner Hochschule und dem Fachbereich Design in Düsseldorf, vor allem Prof. Philipp Teufel und Prof. Victor Malsy, die das Design dieses Buches beraten haben. Ich bedanke mich besonders herzlich bei den beiden Menschen, die dieses Buch mit mir gemeinsam und mit viel Liebe gestaltet haben, Tiglet Aslan und Nayme Kaplıca.

Düsseldorf, im Mai 2010
Rainer Zimmermann

	SICHERN	ENTWICKELN

SICHERN | **ENTWICKELN**

POSITION

SICHERN – POSITION

01 ABSCHRECKUNG	49 PUSH | PULL
02 ALLIANZ	50 REDUNDANZ
03 ANTHROPOMORPHISIERUNG	51 REFORM
04 APPEASEMENT	59 STIGMATISIERUNG
08 AUSSITZEN	61 SUBSIDIARITÄT
09 AUSSPAREN	64 TEILE UND HERRSCHE
10 BENCHMARKING	67 ULTIMATUM
13 BROT UND SPIELE	71 VERKNAPPUNG
14 DACHMARKE | PRODUKTMARKE	72 ZWEI FRONTEN
15 DEFENSIVE | OFFENSIVE	
17 DIVERSIFIKATION	
21 ESKALATION | DEESKALATION	
26 FORM FOLLOWS FUNCTION	
30 INSTITUTIONALISIERUNG	
33 KONFUSION	
40 NEBENKRIEGSSCHAUPLATZ	
42 NISCHE	
46 POSITIONIERUNG	
47 PROPHEZEIUNG	

ENTWICKELN – POSITION

03 ANTHROPOMORPHISIERUNG	72 ZWEI FRONTEN
05 ASKESE	
07 AUF DEN BUSCH KLOPFEN	
11 BLUFF	
15 DEFENSIVE | OFFENSIVE	
21 ESKALATION | DEESKALATION	
22 FAUST IN DER TASCHE	
24 FOKUS	
32 KLEINE SCHRITTE	
33 KONFUSION	
36 MARGINALISIERUNG	
46 POSITIONIERUNG	
48 PROVOKATION	
49 PUSH | PULL	
52 REVOLUTION	
58 STETER TROPFEN	
59 STIGMATISIERUNG	
65 TIT FOR TAT	
68 UMARMUNG	

POTENZIAL

SICHERN – POTENZIAL

01 ABSCHRECKUNG
15 DEFENSIVE | OFFENSIVE
24 FOKUS
35 MAKE | BUY
50 REDUNDANZ
56 SELBSTFESSELUNG

ENTWICKELN – POTENZIAL

05 ASKESE	35 MAKE | BUY
06 ASSIMILATION	37 METAMORPHOSE
10 BENCHMARKING	38 MYSTIFIKATION
11 BLUFF	39 NACHAHMUNG
12 BOYKOTT	40 NEBENKRIEGSSCHAUPLATZ
14 DACHMARKE | PRODUKTMARKE	43 PARTIZIPATION
15 DEFENSIVE | OFFENSIVE	52 REVOLUTION
16 DEKONSTRUKTION	53 SCHOCK
17 DIVERSIFIKATION	54 SEGMENTIERUNG
18 DOPPELSTRATEGIE	55 SELBSTÄHNLICHKEIT
19 DURCHSTECHEN	56 SELBSTFESSELUNG
22 FAUST IN DER TASCHE	57 SEPARATION
23 FIRST MOVER	60 STRETCH GOAL
25 FÖRDERN UND FORDERN	61 SUBSIDIARITÄT
26 FORM FOLLOWS FUNCTION	66 U-BOOT
28 GUERILLA	70 VERFREMDUNG
29 HÄUTUNG	71 VERKNAPPUNG
31 INTEGRATION	
34 LIZENSIERUNG	

72 Handlungsmuster
Überblick

VERMITTELN

Dummy Surveillance Cam

Körperhygiene für Kinder
dank grausiger Abschreckung
durch den Struwwelpeter

Yoruba-Masken zur Abschreckung
Fremder, sich den Kultstätten
zu nähern

Abschreckung ist ein universales Handlungsmuster, um Feinde oder Wettbewerber von unerwünschten Handlungen abzuhalten, indem man ihnen präventiv die Mühe oder den Preis vor Augen führt, die eine solche Handlung mit sich bringen oder nach sich ziehen würde. In Natur und Alltag werden abschreckende Systeme oder Maßnahmen täglich und überall eingesetzt, sei es in der chemischen Verteidigung bei Tieren zwecks Abschreckung vor dem Zugriff oder bei Menschen im versuchten Schutz des Eigentums durch Stacheldraht oder Überwachungskameras. Auch in der Pädagogik werden Erziehungsziele mit abschreckenden Gegenbeispielen gefördert, mit Märchenfiguren wie *Struwwelpeter*, *Zappelphilipp*, *Suppenkasper* oder auch der Androhung von Strafarbeiten. Religionen und Sekten inkorporieren grundsätzlich ein Repertoire von abschreckenden Zukunftsszenarien, die sich im Falle einer Missachtung der Glaubensregeln einstellen, sei es Apokalypse, Hölle oder Wiedergeburt als Wurm.

Das Handlungsmuster scheint also bereits anthropologisch verankert zu sein und wird dementsprechend in der Militärstrategie ubiquitär angewendet. Die Chinesische Mauer als Ikone der Abschreckung macht die Leistung dieser Strategie besonders anschaulich, weil die Mauer in jedem einzelnen Teilstück vom Gegner bezwungen und überwunden werden kann, als Gesamtsystem dem Feind jedoch unerbittlich klar macht, dass er hinter dieser Grenze unter keinen Umständen geduldet und vernichtet werden wird. Der ungeheure Aufwand des Mauerbaus und die gleichzeitige Unmöglichkeit, sie entlang der immensen Strecke immer und überall verteidigen zu können, erhellen den Charakter einer Abschreckung als Statement und Manifest zur Absicherung der eigenen Position. Die psychologische Wirkung auf erwartete Feinde wächst mit der Größe und Konsequenz der abschreckenden Maßnahmen. Systematisch formuliert wurde die Abschreckungstheorie in der Militärgeschichte von Wilhelm Friedrich Ernst zu Schaumburg-Lippe ·1724 bis 1777·, der nur Verteidigungskriege als legitim ansah und zur Abschreckung möglicher Feinde befestigte Landschaften und dauerhafte Sichtbarkeit von erwartbarer Gegenwehr forderte. In den Rechtswissenschaften formuliert Paul Johann Anselm Ritter von

POSITION	SICHERN	ENTWICKELN	VERMITTELN

POTENZIAL	SICHERN	ENTWICKELN	VERMITTELN

Feuerbach ·1775 bis 1833· dann die *Strafandrohung* als notwendiges Prinzip der Rechtspflege: Der Strafrahmen für eine Tat soll feststehen und allgemein bekannt sein, um vor Straftaten abzuschrecken. Aus der neueren Geschichte kennen wir die von Moshe Dayan 1954 formulierte Abschreckungsdoktrin, die aus der Einsicht heraus, dass Israel seine Grenzen nicht vor Infiltration aus den Nachbarländern schützen kann, eben diese Nachbarländer in Sicherheitshaftung nahm, schwere Repressalien im Falle von Kooperation mit Untergrundaktivisten androhte und die berüchtigte Konter Guerilla Einheit 101 unter Ariel Scharon gründete, ebenso aus der Jahrzehnte währenden nuklearen Abschreckung oder neuerdings aus dem Iran, der 2008 eine neue Generation von Raketen mit einer Reichweite von 2000 Kilometern vorstellte.

Wechselseitige Abschreckung als symmetrische Strategie von NATO und Warschauer Pakt während des Kalten Krieges

In der Wirtschaft wird das Handlungsmuster häufig eingesetzt, um Wettbewerber von einem Markteintritt fernzuhalten, bspw. indem man vor einer erwartbaren Entscheidung eines Wettbewerbers die Verkaufspreise unter die Schmerzgrenze senkt oder sichtbar in die vertrieblichen Strukturen des bedrohten Vertriebsgebietes investiert. Auch hier steht also der Schutz von Besitzständen im Vordergrund. ed

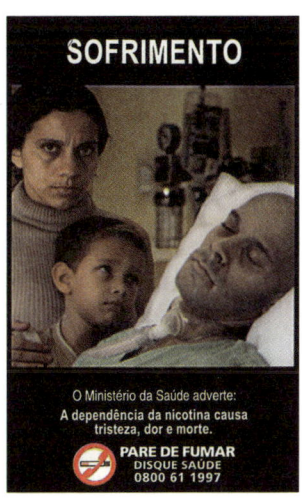

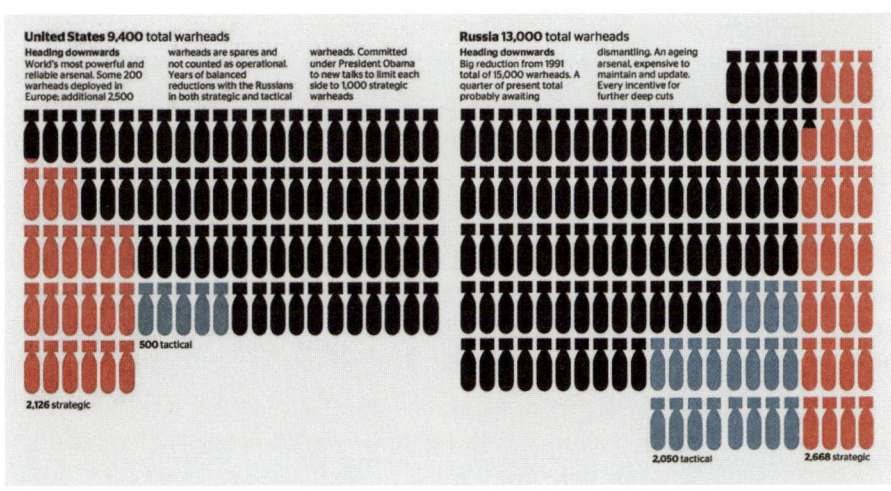

STAR ALLIANCE

Allianzen sind öffentlich bekannte Bündnisse zwischen mindestens zwei Partnern. Ihre Sichtbarkeit bildet den einzigen Unterschied zur Kooperation, die auch in bilateralem Einvernehmen zwischen Menschen oder Systemen organisiert werden kann, ohne öffentlich bekannt zu sein. Allianzen wie Kooperationen wollen gemeinsame Nutzenvorteile aus einer Zusammenarbeit ziehen. Das ist ein Plan, aber noch kein strategischer Akt. Worin besteht die Strategie, wenn die Formalisierung einer Kooperation zur Allianz auf den ersten Blick nur Nachteile bietet? Allianzen müssen öffentlich legitimiert werden, die Stoßrichtung ihrer Interessen liegt offen zu Tage und erhöht ihre Kalkulierbarkeit für die Gegner. Allianzen sind überdies exklusiv und exkludierend, sie ziehen eine klare Linie zwischen sich und den anderen, nehmen sich Spielräume in der Flexibilität von Kooperation mit wechselnden Partnern. Die formale Allianz ist der informellen Kooperation jedoch in einem entscheidenden Punkt überlegen: Sie kapitalisiert einen Teil des zukünftig erwarteten Erfolgs schon für die Gegenwart, weil die öffentliche Wahrnehmung die Stärken der Partner sofort addiert, während sie in Wirklichkeit erst noch integriert werden müssen. Der Schulterschluss schafft Erwartung und auch mehr Vertrauen in künftige Leistungen, die von anderen zugetraute Erfolgswahrscheinlichkeit wächst. Der Hebel des Handlungsmusters besteht also darin, Momentum in einen Kooperationsplan einzubringen und erste Früchte einer Zusammenarbeit sofort zu ernten.

Die Wirksamkeit von Allianzen durch bloße Ankündigung |siehe PROPHEZEIUNG| ist in der Politik besonders deutlich, weil das Kooperationsziel der Partner in der Regel auf den Eventualfall eines Angriffs durch Dritte gerichtet ist und die gemeinsame Verteidigung vorsieht. Das Ziel ist häufig durch die bloße Bildung der Allianz selbst schon erreicht, ohne dass eine Zusammenarbeit wirklich ausgeübt werden muss, denn das Handlungsmuster entfaltet seine präventive Wirkung in der Vorstellung der Gegner und nicht durch reale Maßnahmen. Politische Bündnisse zielen auf ein Gleichgewicht der Kräfte und bedienen sich des strategischen Vorzugs einer Allianz, dieses Gleichgewicht verschieben zu können, ohne einen einzigen Soldaten bewegen zu müssen. Otto von Bismarck wollte den 1872 erzielten Status quo eines europäischen Gleichgewichts erhalten und vor allem gegenüber Frankreich behaupten, weshalb er ein ausgefeiltes System von Bündnissen schmiedete, um seine Bündnispartner von einer möglichen Koalition mit Frankreich gegen das Deutsche Reich fernzuhalten. Die Kalkulierbarkeit von Allianzen ist in der Politik also keineswegs eine Schwäche, sondern bildet im Gegenteil durch seine stabilisierende Wirkung ohne physische Investitionen den eigentlichen strategischen Nutzen.

Allianzen zwischen Unternehmen sind Legion, allerdings ist es schwierig, echte Allianzen von bloßen Kooperationen zu unterscheiden, weil jede Form von Plan in den Unternehmen sofort als Strategie verkauft und jede Form von Zusammenarbeit sofort als strategische Kooperation oder Allianz bezeichnet wird. Die Begriffe werden in der Sprache der *Corporate Strategy* nicht trennscharf verwendet und wollen

POSITION	SICHERN	ENTWICKELN	VERMITTELN

POTENZIAL	SICHERN	ENTWICKELN	VERMITTELN

auch eher Assoziationen anregen als Analyse betreiben. Allianzen zwischen Fluggesellschaften entsprechen jedoch dem Handlungsmuster, weil weder eine Kooperation noch eine Fusion mit anderen Fluggesellschaften die Möglichkeit bieten können, national organisierte Flugrechte mit einer globalen Business Logik zu bespielen. Das *Open Skies* Abkommen sieht vor, dass Fluggesellschaften nur zwischen ihren eigenen Ländern und anderen Ländern fliegen dürfen. Bei einer Allianz addieren sich die Flugrechte der Allianzpartner, sie können sie über *Codesharing* miteinander tauschen. Beim Kauf einer Fluggesellschaft durch eine andere würden die Rechte des akquirierten Unternehmens entfallen. Die Formalisierung des Kooperationswillens realisiert also den Kooperationsnutzen bereits in vollem Umfang. zi

Public Private Partnerships wie hier bei Finanzierung, Bau und Betrieb öffentlicher Infrastruktur, bilden Allianzen in der Verteilung von Lasten und Risiken und erhöhen die Realisierungswahrscheinlichkeit

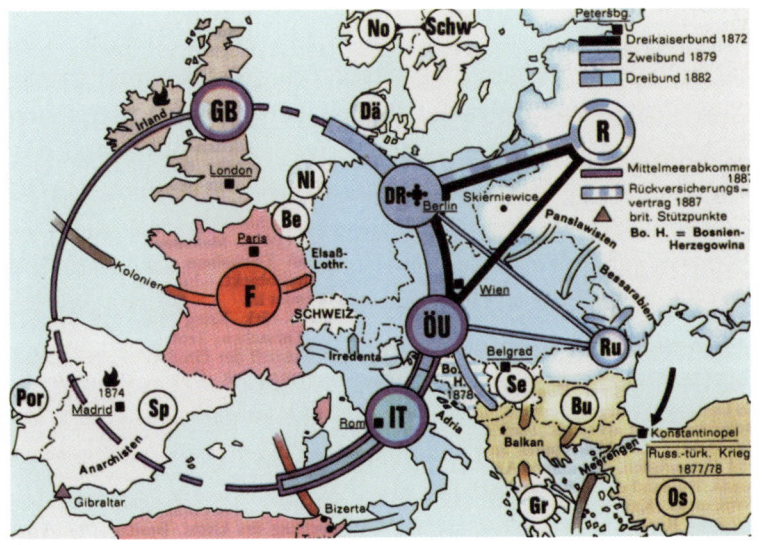

Bismarcks Bündnispolitik zur Allianzenbildung umfasste mehrere Abkommen in Europa: Dreikaiserbund |1872|. Zweibund |1879|. Dreibund |1882| Mittelmeerentente |1887|. Rückversicherungvertrag |1887|. Helgoland-Sansibar-Vertrag |1890|

Minimierung von Berührungs-
ängsten mit Maschinen: der
japanische Ice Eater Yumi

Einführung abstrakter Technologien mit natürlichen
Begriffen: der Lotuseffekt als
Verniedlichung der Nanotechnologie

Die Zuweisung menschlicher Eigenschaften auf Götter, Tiere, Maschinen, Technologien und auch außerirdische Wesen ist eine zwangsläufige Bedingung menschlicher Wahrnehmung und sprachlicher Aneignung von Welt und als solche kein strategischer Akt. In der Fabel seit Äsop ist die Anthropomorphisierung von Tieren in Verbindung mit der Rückübertragung tierischer Eigenschaften |Zoomorphisierung| auf den Menschen eine pädagogische Strategie der Charakterschulung. Die bewusste Vermenschlichung von Göttern durch Priester kann als Strategie der sanften ASSIMILATION von neuen Gläubigen interpretiert werden. Anthropomorphisierung baut hier Schwellenängste vor dem Numinosen ab und begünstigt die Adaption erwünschter Verhaltensweisen durch die eingebildete Rückübertragung göttlicher Eigenschaften auf den Gläubigen. Aber nicht nur das Göttliche, sondern generell Fremde, Neue, außerhalb der eigenen Erfahrung Stehende kann durch Vermenschlichung schneller und besser angeeignet werden. Auch das kategorial neue Wesen des demokratischen Staates trat im antiken Griechenland in anthropomorpher Gestalt eines menschlichen Organismus auf die Wahrnehmungsbühne und versteht sich bis heute als Staatskörper oder Körperschaft mit Organen, Gliedern, Staatsoberhaupt und öffentlicher Hand.[1] Die Botschaft, dass wir der Staat sind, ist in der Körpermetaphorik sozusagen dogmatisch[2] verankert.

Der Abbau von Schwellenängsten und die schnelle Vertrauensbildung sind generelle Ziele bei der Einführung neuer Systeme und Technologien, die das Handlungsmuster gerne rhetorisch nutzen, sei es in der natürlichen und organischen *Kreislaufwirtschaft* als Gegenbild zur Wegwerfgesellschaft oder in der *atmenden Fabrik* als Suggestion natürlich biologischer Vorgänge bei der Flexibilisierung von Arbeit. Die Markteinführung des *Flüsterasphalts* war quasi ein Selbstläufer, der *Lotuseffekt* hat der Nanotechnologie ein sanftes Entrée in das menschliche Weltbild ermöglicht und wird jetzt allmählich von negativen Assoziationen eingeholt. Die Einführung der fünfstelligen Postleitzahl durch die Deutsche Post wurde von der Comicfigur Rolf getragen, einem Wesen in Form der menschlichen Hand mit fünf Fingern. Die Umerziehung Deutschlands zum

[1] vgl. Rainer Guldin: Körpermetaphern. Zum Verhältnis von Politik und Medizin. Würzburg 1999
[2] Immanuel Kant unterscheidet zwischen dem subtilen und dogmatischen Anthropomorphismus und hält den subtilen für legitim

POSITION	SICHERN	ENTWICKELN	VERMITTELN

POTENZIAL	SICHERN	ENTWICKELN	VERMITTELN

Stichtag wurde mit nur sehr geringen Fehlerquoten absolviert und als best practice einer edukativen Kampagne für große Massen gefeiert. Allen Beispielen ist gemeinsam, dass die Aneignung neuer Sicht- und Verhaltensweisen durch anthropomorphe und zoomorphe Begrifflichkeiten entproblematisiert und beschleunigt wird. Der Gentechnologie und insbesondere Craig Venter wurde dogmatische Anthropomorphisierung und Demagogie vorgeworfen, weil sie die Sequenzierung des menschlichen Genoms als *Entschlüsselung der Grammatik* der Biologie bezeichnet hatten. In dieser Hinsicht bildet das Handlungsmuster eine kollektive und permanente Versöhnungsstrategie zwischen Menschen und Maschinen, Menschen und Technologien. Die radikale Vermenschlichung der Computer wurde in den 1990er Jahren von Nicholas Negroponte und dem MIT Media Lab gefordert und gefördert, bspw. durch Avatare. Gleichzeitig wirken aber maschinelle Prozesse auf menschliche Handlungen zurück, wie an der zunehmenden Vernetzungsbereitschaft der Menschen im Rennen gegen die wachsende Vernetzungsfähigkeit der Computer erkennbar wird. Neben der Anthropomorphisierung wird so eine Digitalmorphisierung die Schnittstelle zwischen Mensch und Maschine organisieren helfen. Das Handlungsmuster fördert den Prozess, sich selbst oder anderen etwas zu eigen zu machen und gehört in die Gruppe der Assimilationsstrategien. zi

Pseudo-Emotionalisierung von Datentransfer mit Emoticons

Füttern als sozialer Klebstoff zwischen Mensch und Maschine. Zoomorphes Gadget Design und anthropomorphe Funktion beim Tamagotchi

Institute of Cynical Appease-
ment |Heavily left-leaning
Institute of Contemporary Arts
in the heart of London, 2 mins
walk from Buckingham Palace|
is to hold a discussion bet-
ween the disgraced former MI6
agent Alistair Crooke, founder
of the lobby group Conflicts
Forum, and Usama Hamdan, a
member of the Hamas ruling
council. Conflicts Forum is an
outfit that supposedly promotes *engagement* with Islamist
radicals but actually promotes
their cause, which it terms
resistance. Under its aegis,
the Tory grandee Michael
Ancram met Hamdan in Beirut
three times; the outcome of
this *dialogue* was that Hamdan
merely reiterated his support
for murdering Jews. The ICA
is a publicly funded body.
What does the Department for
Culture have to say about this
disgusting abuse of taxpayers'
money?

Appeasement Letters to Heaven
|Japan|

Appeasement, Beschwichtigung, Besänftigung, Abwiegelung wurde die Strategie des englischen Premierministers Sir Neville Cham-
berlain genannt, die Annexion des Sudentenlandes durch das Deutsche Reich unter Hitler zu dulden und damit den Eintritt in einen
bewaffneten Konflikt zu vermeiden. Das offenbare Scheitern dieser
Strategie wurde in den Jahrzehnten nach dem Zweiten Weltkrieg
häufig als Argument für Präventivschläge oder kompromisslose
Härte herangezogen, bspw. im Falkland Krieg zwischen England
und Argentinien ·1982· oder in jüngster Vergangenheit im Irak. In
der historischen Forschung und Politikwissenschaft gilt Appeasement als schwache Strategie, die allenfalls dann zu rechtfertigen
ist, wenn um jeden Preis Zeit gewonnen werden muss. Im Zeitalter
globaler politischer Interdependenz bildet Appeasement jedoch
häufig die einzige Option zum Einstieg in eine Entspannungspolitik. Die westlichen Demokratien betreiben Appeasement-Politik
gegenüber den Themen Menschenrechte und Pressefreiheit in China, Barack Obama hat mit seiner Rede in Kairo eine Appeasement
Offensive gegenüber der islamischen Welt und dem Iran eingeläutet. Appeasement ist ein strategisches Handlungsmuster der Kategorie Konfliktmanagement und nicht allein auf den Konflikt zwischen Staaten begrenzt. Unter dem Stichwort DEESKALATION ist es
eine gebräuchliche Strategie der Polizei im Umgang mit Demonst-
ranten oder Fans. Der strategische Kern dieses Handlungsmusters
zielt darauf, einen gerade noch tolerierbaren Preis für den Erhalt
einer Position zu bezahlen. Appeasement gibt immer etwas auf, um
etwas Wichtigeres zu erhalten, gehört deshalb in die Gruppe der
Strategien, die Positionen sichern, in der Regel in bilateralen Konflikten. Der lange Jahre nur halbherzig vorgetragene Kampf gegen
das Doping im Sport, insbesondere beim Radsport, ist ein jüngeres
Beispiel für den versuchten Erhalt von Besitzständen durch überzogene Toleranz gegenüber Gefahren. Mit Redewendungen wie
unter den Teppich kehren oder *gute Miene zum bösen Spiel machen* beschreibt der Volksmund das Handlungsmuster. Beschwichtigung
versucht in der Regel, existierende Konflikte verschwinden zu lassen, indem man sie nicht austrägt.

POSITION	SICHERN	ENTWICKELN	VERMITTELN

POTENZIAL	SICHERN	ENTWICKELN	VERMITTELN

Über den Begriff intentionaler Strategien hinaus hat Appeasement auch als kollektives Strategieprinzip von Gattungen und Spezies Bedeutung. In der auf Samuel S. Huntingtons Buch The Clash of Civilizations folgenden weltweiten Debatte wurde die Haltung des Westens, insbesondere Europas, gegenüber dem Islam vielfach als Appeasement beschrieben und auch kritisiert. Appeasement ist nach dieser Lesart weniger eine intentionale Strategie von Entscheidern als vielmehr ein kollektiver Abwiegelungsreflex von Gesellschaften und Kulturen insgesamt, also kein individueller, sondern ein gruppendynamischer Prozess, der auf Abgrenzung und Begrenzung von Gefahr zielt. Dies korrespondiert mit den Ergebnissen der Verhaltensforschung bspw. beim Versöhnungsverhalten gleichgeschlechtlicher und paarungsbereiter junger Löwen auf engem Raum, die einerseits auf Dominanz und Aggressivität programmiert sind, andererseits aber an der Schwelle zur Eskalation stets auf gegenseitige Beschwichtigung umschalten, um die eigene Art nicht ernsthaft zu gefährden. Dass wechselseitiges Appeasement Verhalten für eine zweigeschlechtliche Reproduktion systemrelevant sein könnte, bestätigen die Verhaltensforscher auch für Menschen und sehen Appeasement als das Geheimnis vieler Ehen, die lange halten.

Aus Perspektive der Verhaltensforschung und damit evolutionsbiologischer Prägung liegt die Beschwichtigungsgeste bei Tier und Mensch sehr nah an der Demutsgeste oder Demutsgebärde, die wiederum in der Politik ein altes Handlungsmuster des Machterhaltes bildet. Heinrich von Würzburg warf sich zur Kirchensynode 1007 vor allen Fürsten flach auf den Boden, bis ihm wieder aufgeholfen wurde. Die Erniedrigung erhielt ihm seine Pfründe. 70 Jahre später tat dann Heinrich der IV. seinen Gang nach Canossa, um den Zorn des Papstes zu beschwichtigen. zi

Appeasement-Politik im Mittelalter: Heinrich IV. und sein Gang nach Canossa

Sir Neville Chamberlain

Askese in der japanischen
Ästhetik

Tischgestell eines fliegenden
Händlers: minimaler Material-
einsatz und Verzicht auf alles
Überflüssige

Askese ist ein Kampfbegriff. Der Asket stellt die Machtfrage. [1] Als strategisches Handlungsmuster geht die Askese über die Idee von Verzicht und Enthaltsamkeit zugunsten eines höheren Ziels hinaus,
indem sie Freiheit und Handlungsspielräume durch den Abbau von
Abhängigkeiten begünstigen will. Die religiösen und spirituellen
Lesarten der Askese zielen nicht auf weltliche, sondern himmelsge-
wandte Vorzüge einer Askese-Strategie, aber auch in Buddhismus
und Christentum bedeutet Askese im Kern nicht etwa Verzicht,
sondern Vermeidung von Extremen und Maßhalten *zwischen Ordnung und Freiheit,* [2] wie die benediktinische Ordensschwester Corona
Bamberg formuliert.

Der Anthropologe Arnold Gehlen unterscheidet zwischen drei
Formen der Askese: Opfer, Disziplin oder Stimulans, wobei hier in
einem strategischen Kontext nur die Disziplin relevant ist. Nach
Gehlens Argumentation soll der natürliche Drang des Menschen
zum *Wettlauf nach Wohlleben* durch Disziplin und Askese begrenzt
werden. Diese besondere Art der Lebensführung zeigt bereits Max
Weber in seiner Religionssoziologie auf, mit der er begründen woll-
te, warum sich der Okzident als erste Kultur durch und durch rati-
onalistisch entwickelte. Weber führte dies auf die Prädestinations-
lehre Calvins zurück, nach der nur wenige Gläubige fürs Paradies
vorherbestimmt sind, was sich auf Erden bereits durch Fleiß, Reich-
tum, Sparsamkeit und Zurückhaltung zeige. So wurde das bis dahin
katholische *arbeite, um zu leben* in ein protestantisches *lebe, um zu
arbeiten* umgewandelt.

Askese | von griechisch: sich befleißigen | ist ein Akt der Überwindung
von kreatürlichen Abhängigkeiten, eine Strategie gegen Überfrach-
tung, Überfremdung und Übersättigung mit solchen Ansprüchen,
die nicht aus der Freiheit des Subjekts heraus definiert wurden, sondern Produkt unreflektierter Gewohnheiten sind. Askese verbessert
die Input | Output Ratio, weil jede Entität in Askese mehr produziert
und weniger konsumiert als ohne. Der Einsatz von disziplinierter
Askese als Methode der Effizienzsteigerung macht jedoch noch keine Strategie aus. Die beginnt in dem Moment, wo Askese als sys-
tematisches Handlungsmuster eingesetzt wird, um den Einfluss
fremder Mächte auf eigene Entscheidungen einzudämmen, indem

[1] Fritz Rüdiger Volz: Frei-
willige Armut. Zum Zusammenhang von Askese und Besitz-
losigkeit
[2] Corona Bamberg: Askese.
Faszination und Zumutung.
St. Ottilien 2008
[3] siehe dazu John Pawson:
Minimum. Phaidon Press 1996

| POSITION | SICHERN | ENTWICKELN | VERMITTELN |

| POTENZIAL | SICHERN | ENTWICKELN | VERMITTELN |

möglichst viele Abhängigkeiten in Unabhängigkeiten verwandelt werden. Die Reduktion von Abhängigkeiten ist dabei immer gleichbedeutend mit der Reduktion von Komplexität und damit der Verbesserung einer nachhaltigen Systemstabilität. Dieser Effekt ist besonders gut in der nachhaltigen Architektur zu beobachten[3], die durch systematischen Verzicht auf die Vielfalt von Materialien und Funktionen eine lange Lebensdauer und geringe Wartungsanfälligkeit erzielt. Askese ist auch das strategische Handlungsmuster zur Erreichung des Ideals von simplicity und damit nachhaltiger Geltung im Design, wie es in der japanischen Ästhetik oder auch in der Arbeit von Dieter Rams für das Unternehmen Braun sichtbar wird. Askese ist so ein strategisches Handlungsmuster zum Ausbau eigener Autonomie, sie steigert die Macht über sich selbst. zi

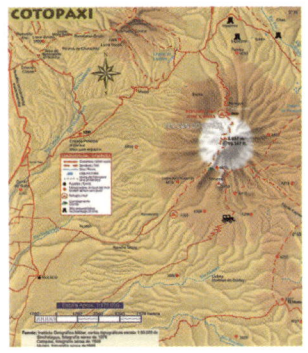

Man braucht eine Akklimatisie-
rungsphase von fünf Tagen, um
den Cotopaxi zu besteigen. Die
gesteuerte Assimilation ist
das Gegenmodell zum SCHOCK,
die Anpassung an eine fremde
Umgebung wird hier bewusst nur
allmählich vollzogen

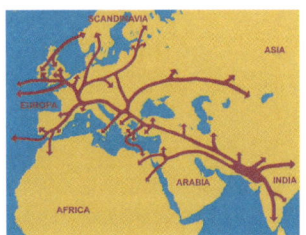

Assimilationsresistenz am
Beispiel von Sinti und Roma:
durch viele Kulturen gewan-
dert und verbreitet, nirgendwo
angepasst

iPhone-apps

Der Begriff Assimilation von lat. *assimilare* |ähnlich machen, an-
gleichen, aneignen| bezeichnet Prozesse, in denen entweder et-
was sich seiner Umgebung angleicht und anpasst oder aber Um-
gebungsphänomene dem eigenen Lebensstil anverwandelt und
angepasst werden. Beide Vorgänge sind nicht strategischer Natur,
sondern biologische und anthropologische Basisprogramme zur
Aneignung von stofflicher und geistiger Welt. In der Biologie gehört Assimilation in den Bereich des Stoff- und Energiewechsels und
meint die allmähliche Umwandlung körperfremder in körpereige-
ne Stoffe. In der Tradition des Kybernetikers und Psychologen Jean
Piaget versteht die Entwicklungspsychologie Assimilation als die
INTEGRATION von Erfahrungsphänomenen in ein vorhandenes kog-
nitives Schema. Die wechselseitige physiologische wie psychologische Anverwandlung der äußeren Welt an den eigenen Körper und
Geist sowie deren Anpassung an äußere Bedingungen folgt hier der
menschlichen Biochemie, Instinkten und Erfahrungen, nicht aber
der Logik und strategischem Denken. In der Soziologie bezeichnet
Assimilation die Verschmelzung gesellschaftlicher Gruppen zu einer integrierten Gesellschaft mit homogenen rechtlichen und so-
ziokulturellen Standards. Anpassungsdruck und Assimilationslast
liegen hier sowohl bei der Gesellschaft im Ganzen wie auch bei
jedem einzelnen Migranten. Strategisch ist nicht der Vorgang als
solcher, sondern die Verschiebung der Lasten zugunsten des Integ-
rators durch das Handlungsmuster FÖRDERN UND FORDERN oder
aber die Assimilation fremder Potenziale auf Basis einer freiwilligen
Motivation der zu assimilierenden Elemente.
Zwei Beispiele aus den USA belegen die ungeheure Kraft solcher
Assimilationsstrategien, die fremde Potenziale durch eigene Attraktivität anziehen und sich anverwandeln, ganz allmählich und
ohne eigenes Zutun. Der *american way of life* funktionierte über
Jahrzehnte als Magnet und Gleichmacher in der amerikanischen
Einwanderungspolitik. Die USA entfaltete höchste Attraktivität
und Sogwirkung für Einwanderer als ein *Land der unbegrenzten Möglichkeiten*, machte aber sogleich klar, dass diese Möglichkeiten nur
in Amerika und nur für Amerikaner zur Verfügung stehen. Man
konnte und durfte Amerikaner werden, aber man musste es auch,

POSITION	SICHERN	ENTWICKELN	VERMITTELN

POTENZIAL	SICHERN	ENTWICKELN	VERMITTELN

um teilzuhaben am *American dream*. Die Kombination aus hoher Attraktivität, niedrigen Eintrittsbarrieren und schneller Identitätsaneignung durch ausgeprägten Nationalstolz, nationale Symbolik und einen nationalen Lebensstil sorgt bis heute für ein regelmäßig hohes Volumen des Zustroms von Einwanderern mit nur geringen Anpassungsproblemen nach innen. Die applications oder apps, die Apple über das iPhone zur Verfügung stellt, sind ebenfalls ein hervorragendes Beispiel für die Mechanik des Handlungsmusters. Wiederum paart sich eine hohe Ausgangsattraktivität |iPhone als Kult| mit niedrigen Eingangsschwellen, weil jeder apps einstellen kann. Und wiederum gelingt das nur, wenn jeder Neuankömmling auf dieser Plattform unverzüglich in die Apple Identität schlüpfen und die Exklusivität der Plattform anerkennen muss. Apple hat so fremde Geschäftsmodelle in das eigene Geschäftsmodell nicht nur integriert, sondern assimiliert, weil sie nur innerhalb des Apple Universums möglich sind. Bei Integrationsprozessen gibt es Rückfahrtscheine, bei der Assimilation nicht. Als strategisches Handlungsmuster angewendet, will Assimilation sich fremde Potenziale unwiderruflich aneignen und einverleiben, ohne selbst in die Mühen der Assimilation investieren zu müssen. Sie arbeitet mit einem starken PULL Faktor, niedrigen Barrieren und schneller Gleichmacherei. zi

Halloween-Maske des durch die Borg assimilierten Captain Picard von der Enterprise. Wir sind die Borg. Widerstand ist zwecklos. Sie werden jetzt assimiliert

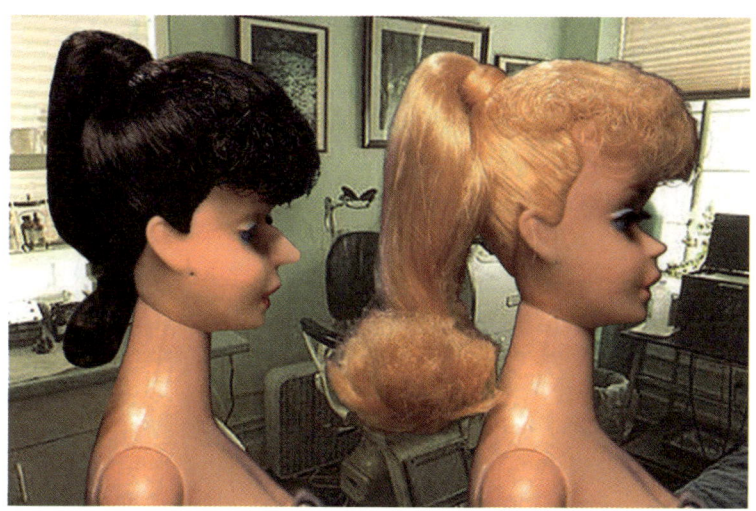

Assimilation an das herrschende Schönheitsideal ist keine Strategie

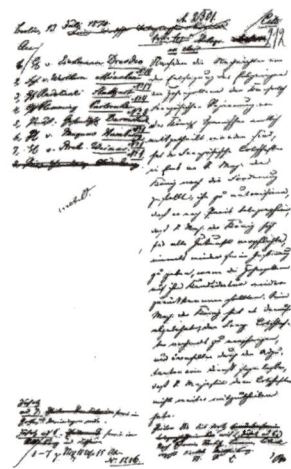

Politisch gewollte Eskalation: Indem er die sogenannte Emser Depesche von Kaiser Wilhelm I. gezielt manipulierte, provozierte Otto von Bismarck den Deutsch-Französischen Krieg von 1870

Getestet – und für gut befunden: Nach der positiven Resonanz auf eine Jubiläumsaktion stellt die Firma Zwilling Rasiermesser inzwischen wieder in Serie her

[1] vgl. Harro von Senger
[2] vgl. Dirk van Laak: Arisierung und Judenpolitik im Dritten Reich. Zur wirtschaftlichen Ausschaltung der jüdischen Bevölkerung in der rheinisch westfälischen Industrieregion. Essen 1988
[3] vgl. Stefan Marx: Die Legende vom Spin Doctor. Regierungskommunikation unter Schröder und Blair. Wiesbaden 2008

Auf den Busch klopfen wird in der Regel als Pendant zum chinesischen Strategem Nr. 13 interpretiert: *auf das Gras schlagen*, *um die Schlange aufzuscheuchen*.[1] Beide Vorgehensweisen zeichnen sich durch ein offensives und zielgerichtetes Handeln aus, dem zugleich das Vorausschauende und Abwägende innewohnt – woraus letztlich die strategische Überlegenheit erwächst.

Ihren Ursprung hat die Redensart in der Jägersprache. Klopft der Waidmann während der Pirsch auf den Busch, tut er dies mit der Absicht, im Dickicht verborgene Tiere aufzuscheuchen. Dabei geht es zum einen darum, die Lage zu sondieren, Informationen zu sammeln und sich einen Überblick zu verschaffen. Vor allem aber geht es um Interaktion und darum, einen bestehenden Zustand zu verändern. Indem er seine potenzielle Beute aufstört, zwingt der Jäger sie zur Reaktion auf seinen Vorstoß. Anders gesagt: Es kommt Dynamik ins Spiel.

Wer auf den sprichwörtlichen Busch klopft, begibt sich in die Treiberrolle. Er fordert sein Gegenüber auf, auf das eigene Handeln zu reagieren. Der Gegner sieht sich genötigt, aus der Deckung zu kommen und Stellung zu beziehen. In der chinesischen Strategielehre wird ein solches Verhalten auch als Strategie der ABSCHRECKUNG und der PROVOKATION verstanden | vgl. hierzu auch Harro von Sengers Interpretation des 13. Strategems |.

Mit derlei Kalkül brachte Otto von Bismarck 1870 Frankreich dazu, dass es Preußen bzw. dem Norddeutschen Bund den Krieg erklärte. Diese beabsichtigte Eskalation hatte der preußische Ministerpräsident erreicht, indem er eine stark gekürzte Version der von Kaiser Wilhelm I. verfassten sogenannten *Emser Depesche* in der *Norddeutschen Allgemeinen Zeitung* veröffentlichen ließ; Sie mündete in der Mobilmachung Napoleon III. gegen Preußen und dessen militärischer Niederlage im Deutsch-Französischen Krieg. Bismarck hingegen konnte auf diese Weise Bayern und Württemberg als Bündnispartner gewinnen und schließlich sein politisches Ziel eines kleindeutschen Reiches durchsetzen.

Auf den Busch zu klopfen, muss jedoch nicht zwangsläufig mit dem Ziel der Konfrontation geschehen. Im Gegenteil: Im Vordergrund steht oft die Absicht, Eskalationen vorzubeugen. Mögliche Reak-

POSITION	SICHERN	ENTWICKELN	VERMITTELN

POTENZIAL	SICHERN	ENTWICKELN	VERMITTELN

tionen sollen bereits im Vorweg abgeschätzt werden, um weitere Schritte angemessen planen zu können |nicht wenige Presseverlautbarungen dienen einzig diesem Ziel|. Häufig wird dieser Schachzug angewendet, um Stimmungen auszuloten oder Marktreaktionen zu testen. Nicht umsonst spricht man davon, einen Sachverhalt auf Chancen und Risiken hin abzuklopfen.

Überwachung zu Lande, zu Wasser und aus der Luft: Der umstrittene massive Militäreinsatz während des G8-Gipfels in Heiligendamm ·2007· wurde vielfach als Testballon für den Ausbau des zivilen Engagements der Bundeswehr im Inland interpretiert

In der Politik ist ein solches Vorgehen seit jeher verbreitet. So lotete z. B. die NSDAP mit ihrer ersten groß angelegten Boykottaktion gegen jüdische Geschäfte, Waren, Ärzte und Rechtsanwälte vom 1. April 1933 die Spielräume für ihre nachfolgenden Pogrome aus.[2] Einen *Testballon* ganz anderer Natur ließ der SPD Politiker Gerhard Schröder steigen, als er Ende 2002 ein Strategiepapier zum weitreichenden Umbau der Sozialsysteme über den Berliner Tagesspiegel lancierte. Der damalige Bundeskanzler testete damit die öffentlichen Reaktionen auf den wenig später mit der Agenda 2010 vollzogenen sozialpolitischen Kurswechsel der SPD.[3]

Standard ist das Austesten von Produkten. So brachte bspw. 2006 der Schneidwaren-Hersteller Zwilling zum 275-jährigen Firmenjubiläum 275 Rasiermesser auf den Markt. Nachdem diese limitierte Auflage innerhalb kurzer Zeit vergriffen war, stieg das Unternehmen wieder in die Serienproduktion der fast in Vergessenheit geratenen Rasurgeräte ein. nk

Welche Chancen und welche Risiken birgt ein ökonomisches oder politisches Unterfangen? Wer zunächst einen Testballon steigen lässt, kann mögliche Reaktionen im Vorweg besser abschätzen

Max Mosley, Ex-Präsident des Weltautomobilverbandes, sitzt seine Affäre aus

Aussitzen, das konnte in Deutschland niemand besser als Altkanzler Helmut Kohl. Einfach abwarten, Probleme sprichwörtlich aussitzen. Im Aussitzen spiegelt sich auch Kohls pragmatischer Politikstil wider, getreu seinem politischen Leitmotto: *Wichtig ist, was hinten rauskommt.* In der Politikwissenschaft wird der Erfolg des Kohlschen Aussitzens zwiespältig diskutiert: Mit Blick auf sein Agieren als CDU-Vorsitzender wird das Aussitzen als einzig kluger Ausweg erachtet, da Kohl innerparteilich nur über sehr beschränkte Machtressourcen verfügt habe. Deshalb war er notgedrungen zum Interessenausgleich und zum Abwarten gezwungen. Andere Kommentatoren sehen im strategischen Handlungsmuster des Aussitzens ein Zeichen für Kohls Entscheidungsschwäche und seinen mangelnden Gestaltungswillen.

Eine besondere Form des Aussitzens kennt der US-amerikanische Senat in Form des Filibusters, der Strategie einer Minderheit, durch Dauerreden eine Beschlussfassung durch die Mehrheit zu verhindern oder zu verzögern. Dabei wird zeitgleich im Hintergrund versucht, Überzeugungsarbeit bei den Vertretern der Mehrheitsposition zu leisten und sie auf die Seite der Minderheit zu ziehen. Liegt der Kern des Kohlschen Aussitzens im Nichtstun, wird beim Filibustern ein politischer Prozess durch besonders intensives Handeln verlangsamt bzw. verhindert. Ermöglicht wird das durch das Recht der US-Senatoren, so lange zu reden, wie sie wollen, ohne dass ihre Rede etwas mit dem Thema der anstehenden politischen Debatte zu tun haben muss. Die längste Einzelrede in der Geschichte des US-Senats hielt der demokratische Senator Strom Thurmond im Jahr 1957. Mit seiner 24 Stunden und 18 Minuten langen Rede versuchte er, ein Bürgerrechtsgesetz zu verhindern. Der Senator Alfonse D'Amato füllte 1992 seine 15-stündige Rede mit Gesang, während Senator Huey Pierce Long 1935 seine Rede mit Rezepten für gebratene Austern anreicherte.

Zahlreiche weitere Parlamente kennen Verzögerungstaktiken: das Einreichen einer Flut von Geschäftsordnungsanträgen oder das Verzögern der Debatte mit Rasseln oder Ratschen. In Wirtschaftsunternehmen finden sich ähnliche Strategien. Häufig werden besonders kontrovers diskutierte Themen als letzte Tagesordnungs-

POSITION	SICHERN	ENTWICKELN	VERMITTELN

POTENZIAL	SICHERN	ENTWICKELN	VERMITTELN

punkte abgehandelt, damit für den Beschluss nur noch wenig Zeit zur Verfügung steht. Unliebsame Entscheidungen sollen verhindert oder zumindest verzögert werden. Im Reitsport spricht man von Aussitzen, wenn der Reiter wie festgeklebt im Sattel sitzt und jede Bewegung des Pferdes ohne Kraftaufwand mitgeht. Der Kern des Handlungsmusters besteht in Passivität und Opportunismus, um möglichst wenig Widerstand und Angiffsfläche zu bieten. Nur aus einer Position der Schwäche heraus ist Aussitzen sinnvoll. oa

Paradebeispiel Helmut Kohl

James Stewart in der Rolle des Filibusters

Das Aussitzen von Problemen kann auch beim Tanzen erledigt werden. Der belgische Diplomat Charles Joseph de Ligne kritisierte die zähflüssige Verhandlungsführung auf dem Wiener Kongress mit dem berühmten Bonmot *le congrès danse beaucoup, mais il ne marche pas*

41

Alles sollte so einfach wie möglich gemacht sein, aber nicht einfacher, erklärte Albert Einstein

… der großen weiten Welt. Aktivieren des Rezipienten durch Aussparen von Teilen des Claims in einer Anzeige

Chair One von Konstantin Grcic

Während Einsparen das Sparen einer Anzahl von Stücken einer Serie oder Summe meint, verweist Aussparen auf den Verzicht von Teilen innerhalb eines Ganzen. Wir kennen Aussparen als Kunst des Weglassens in Rhetorik und Dramaturgie, Architektur und Design | siehe ASKESE |, in Lyrik und Aquarelltechnik und in der technischen Konstruktion, wo Hohlräume und Löcher im Material insoweit nützlich sind, als sie die Stabilität nicht beeinträchtigen, jedoch Gewicht reduzieren und Materialeinsatz schonen. Johann Sebastian Bach und Ernst Lubitsch wurden als Meister des Aussparens bezeichnet, Coco Chanel charakterisierte *Lebenskunst* als *Kunst des Weglassens* und Anselm Feuerbach definierte *Stil als richtiges Weglassen des Unwesentlichen.* Von Max Liebermann stammt der programmatische Satz *Zeichnen ist Weglassen.* Aussparen und Weglassen bilden ein Handlungsmuster mit zwei strategischen Stoßrichtungen.

In der Rhetorik wird die Ellipse oder Omission, die bewusste Weglassung eines zu erwartenden Satzteiles, Namens oder Details, gerne eingesetzt, um eine Festlegung zu vermeiden, keine Angriffsfläche zu bieten, Spannung zu erzeugen oder das Ausgesparte durch Weglassen gerade zu betonen. Die Ellipse als Nicht-Thematisierung oder Verschlucken von Inhalten ist besonders in der politischen Rhetorik beliebt. So wurde Angela Merkel in ihrem Wahlkampf 2009 vorgehalten, dass sie strittige Sachfragen ausspare. In dieser Form arbeitet das Handlungsmuster eher defensiv und Positionen sichernd. Als dramaturgisches Stilmittel des Spannungsaufbaus ist das Aussparen seit der Antike bekannt und erschließt Potenziale der Wahrnehmung. Die Abwesenheit oder Unbestimmtheit eines bewusst weggelassenen Handlungselementes steigert noch dessen Präsenz, weil Assoziationskraft und Neugier des Publikums mobilisiert werden. Die strategische Leistung besteht hier in der erzielten input | output Effizienz, weil das, was gerade nicht gesagt oder gezeigt wurde, dem Publikum am besten in Erinnerung bleibt.

Das Wesentliche schnell zu verstehen, bezeichnet der Volksmund als *raffen*, eine Form der inhaltlichen, stofflichen oder zeitlichen Verkürzung aus Gründen der Ökonomie, der Dramaturgie oder des Designs. Die Strategie des Aussparens nutzt bewusste Leerstellen jedoch stets sowohl ökonomisch im Sinne der Einsparung des

POSITION	SICHERN	ENTWICKELN	VERMITTELN

POTENZIAL	SICHERN	ENTWICKELN	VERMITTELN

Ausgesparten wie auch ästhetisch oder rhetorisch im Sinne einer Betonung und maximierten Wahrnehmung gerade des Ausgesparten, sozusagen durch Präsenz von Leere, die soghafte Wirkung auf Rezipienten entfaltet. Was der Volksmund den *Mut zur Lücke* nennt, bezieht sich meist nur auf den ökonomischen Aspekt. zi

Das Regal steht und lehnt an der Wand, weshalb konstruktive Elemente eines klassischen Regals ausgespart werden können. Das schont den Materialeinsatz, reduziert das Gewicht und erleichtert die Mobilität

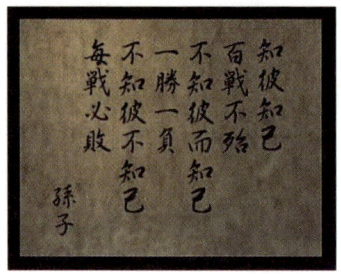

Die Grundidee des Benchmarkings ist sehr alt. Der chinesische Militärstratege Sun Tzu hat sie bereits im 5. Jahrhundert v. Chr. formuliert: *One who knows the enemy and knows himself will not be endangered in a hundred engagements.* Wer weiß, wie viele Soldaten, Pferde, Waffen der Feind im Verhältnis zu den eigenen Ressourcen einsetzen kann, der kann auch sein Risiko einschätzen, im Wettbewerb gegen diesen Feind zu bestehen oder nicht. *Knowing the enemy* meint bei Sun Tzu die quantitative Einschätzung der feindlichen Leistungsstärke. Die Information wirkt auf die eigene Planung und die eigenen Entscheidungen zurück, weil der kluge Stratege einen Krieg oder eine Offensive nicht wagen wird, ehe er nicht seine Ressourcen und Leistungsstärke auf ein wettbewerbsfähiges Niveau nachgerüstet hat.

In den späten 1970er Jahren des 20. Jahrhunderts war es dann Robert C. Camp bei Rank Xerox, der Benchmarking als Methode auch über Branchengrenzen hinweg entwickelte und dokumentierte. Rank Xerox war zu dieser Zeit unter mächtigem Druck durch den japanischen Wettbewerber Canon, dessen Verkaufspreise unter den Selbstkostenpreisen von Rank Xerox lagen. Camp erkannte, dass er die Praxis der Kostenführer in jeweiligen Kostengruppen nachahmen könnte und fand im Vorbild des Sportartikelversenders L. L. Bean den größten Hebel, seine Lager- und Vertriebskosten dramatisch zu senken.

Benchmarking ist zwischenzeitlich zu einer Managementroutine geworden, in der alle Parameter der Wertschöpfungskette einem ständigen Vergleich mit denen der Wettbewerber ausgesetzt sind und in Zyklen auch branchenübergreifend überprüft werden. Nach einer fast 30-jährigen, permanenten und weltweiten Olympiade der Fitness in jeder einzelnen Kostengruppe hat die Benchmarking-Strategie volkswirtschaftlich betrachtet den Einsatz und die Kosten von Arbeit gesenkt, vor allem durch globales Benchmarking. Der Differenzierungsgrad zwischen den Unternehmen hat im selben Zeitraum abgenommen. Das ist der Preis wechselseitiger NACHAHMUNG. Die Risiken des Benchmarkings wachsen mit der Anzahl von Marktteilnehmern, die Benchmarking anwenden. Während ein Unternehmen gerade dabei ist, eine Kostengruppe oder Wertschöpfungsstufe zu optimieren, steigert ein Wettbewerber seine Effizienz in einer anderen Kostengruppe. Es entsteht eine Spirale, weshalb Benchmarking heute eher zu einem Instrument permanenter Organisation von Defensive geworden ist. Für den offensiven Geist im Sinne des *waging war* Kalküls von Sun Tzu ist Benchmarking nur dann eine sinnvolle Strategie, wenn man sich sicher sein kann, dass der Gegner sie nicht anwendet oder falsche Informationen hat.

Neben seiner Bedeutung für Militär und Wirtschaft ist Benchmarking ein soziales und gruppendynamisches Prinzip der kompetitiven Orientierung an anderen. Die Analyse eigener Positionen und Potenziale wird von sozialen Wesen bewusst wie unbewusst im Abgleich mit Positionen und Potenzialen der Sozialpartner durchgeführt. Die Kürze der Röcke oder die Dicke der Bäuche bspw. werden von Männern wie Frauen einem permanenten Benchmarking unterzogen, das in dem Augenblick stra-

POSITION	SICHERN	ENTWICKELN	VERMITTELN

POTENZIAL	SICHERN	ENTWICKELN	VERMITTELN

tegischen Rang erhält, in dem ein Individuum in der Nachahmung seines Vorbildes die eigene Position bewusst verändert. Benchmarking kann so auch als NACHAHMUNG von erfolgreichen Handlungsmustern auf Basis einer möglichst hohen Grundgesamtheit von vergleichenden Beobachtungen beschrieben werden. zi

Sophia Loren benchmarkt ihr Dekolleté mit Blick auf Jane Mansfield

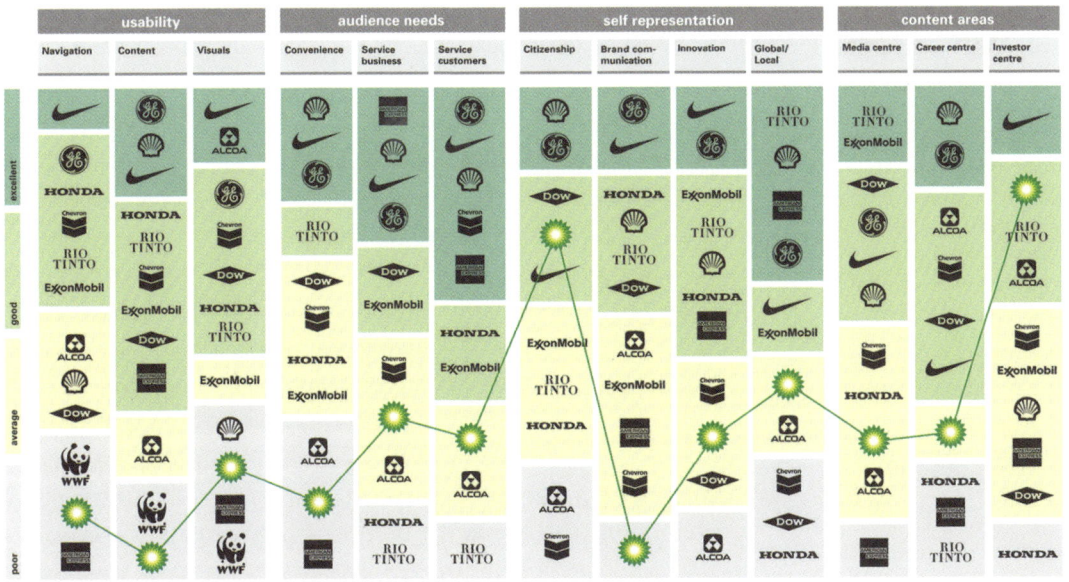

Benchmarking der Website bp.com 2003

Der große Bluff mit den angeb-
lichen Tagebüchern von Adolf
Hitler. Keine Fälschung vorhandener Tagebücher, sondern
Bluff ihrer Existenz durch
Kompilation von Material und
einer gefälschten Handschrift

Hypolimnas misippus |unten|
ist ungiftig, blufft aber,
giftig zu sein, indem er den
giftigen afrikanischen
Monarchfalter, Danaus chry-
sippus |oben| imitiert

[1] vgl. Harro von Senger: Strategeme. 3. Aufl. Bern, München,
Wien 2004. |siehe Strategem
Nr. 7|

Ruckediguh, ruckediguh, Blut ist im Schuh, der Schuh ist zu klein, die rechte Braut sitzt noch daheim. Nun, dieser Bluff ist offensichtlich fehlgeschlagen. Im Märchen Aschenputtel verraten die Tauben die drastischen Bluff-Methoden der Stiefmutter. Sie hatte die Füße ihrer Töchter gekürzt, damit der Königssohn glaube, eine von ihnen sei seine Angebetete. Zu bluffen ist also mit hohem Risiko verbunden. Durchschaut die Gegenseite die Täuschung, hat dies einen Vertrauensverlust und eine Schwächung der eigenen Position zur Folge. Und doch wird gebluft, was das Zeug hält, und das nicht nur beim Poker. Ob bei Verkaufs- oder Einstellungsgesprächen, ob in Wirtschaft oder Weltpolitik: Bluffen meint *Aus dem Nichts etwas erzeugen*.[1] Der Bluffer täuscht aus einer Position der Schwäche heraus vor, über Machtmittel, Informationen, Kompetenzen oder Handlungsmöglichkeiten zu verfügen. Ziel ist es, entweder den überlegenen Gegner zu verunsichern, um daraus für sich Kapital zu schlagen oder durch Blenden etwas zu bekommen, was mit ehrlichen Mitteln unerreichbar scheint – einen Job, eine Ware oder eben einen Königssohn.

In der Kriegsführung gibt es viele berühmte Bluffs wie den Doolittle Raid. Nach dem Überfall auf Pearl Harbor und der Zerstörung eines Großteils der amerikanischen Pazifik-Flotte dominierten die Japaner den Pazifik. In dieser Situation täuschten die USA vor, mit mittleren Bombern die japanischen Hauptinseln angreifen zu können. Am 18.4.1942 griffen sie Japan mit 16 B25 Mitchell Bombern von einem Flugzeugträger aus an, wohl wissend, dass sie dort nicht wieder landen konnten. Sie bombardierten Ziele in Tokyo, Yokohama und Nagoya, flogen dann weiter nach China und Russland, wo die Besatzung per Fallschirm landete und die Bomber abstürzen ließ. Die angerichteten Schäden waren gering, die psychologische Wirkung aber enorm, da sich Japan bisher vor amerikanischen Bombenangriffen sicher gefühlt hatte. Die Japaner stellten daraufhin die Expansion im Südpazifik zurück, um zunächst den amerikanischen Stützpunkt auf den Midway Inseln anzugreifen. Dort vermutete man den Ausgangspunkt der Bombenangriffe. Die Japaner waren den Amerikanern ins Netz gegangen. Japan verlor seine vier besten Flugzeugträger und damit die militärische Überlegenheit im Pazifik.

| POSITION | SICHERN | ENTWICKELN | VERMITTELN |

| POTENZIAL | SICHERN | ENTWICKELN | VERMITTELN |

Auch der Kalte Krieg kannte Bluffs wie die Stalin Note vom 10.3.1952 als Vorschlag eines vereinten und neutralisierten Deutschland. Eine realistische Chance zur Wiedervereinigung? Peter Ruggenthaler belegt in seinem Buch Stalins großer Bluff anhand zahlreicher Dokumente der sowjetischen Führung, dass Stalin ein ganz anderes Ziel verfolgte, nämlich ein Störmanöver gegen die Wiederbewaffnung Westdeutschlands. Ihm ging es von Anfang an um die Konsolidierung der DDR.

Bluff-Strategien kommen auch beim Kampf um die Sicherung oder Erlangung von Wettbewerbsvorteilen zum Einsatz. In regelmäßigen Abständen wirft Microsoft der Linux Community vor, geistiges Eigentum zu verletzen und patentrechtlich geschützte Technologien der Redmonder Softwareschmiede unrechtmäßig zu nutzen. Linus Torvalds schlägt zurück, indem er behauptete, Microsoft bluffe nur, ohne tatsächlich Trümpfe in der Hand zu halten.

Doolittle Raid als Reichweiten-Bluff der US-Amerikaner gegenüber Japan

Der wohl aufsehenerregendste und weitreichendste Bluff der jüngsten Wirtschaftsgeschichte ist der Fall Madoff. Der ehemalige Finanz- und Börsenmarkler hatte seine Opfer jahrzehntelang mit hohen Gewinnversprechungen geködert, die er in Wirklichkeit gar nicht erwirtschaftete. Stattdessen schüttete er an die Investoren im *Schneeballverfahren* Geld aus, das er von immer neuen Anlegern bekam. Als einer seiner Kunden mehrere Milliarden an Einlagen zurückforderte, brach das System zusammen. Geschätzter Schaden: 65 Milliarden Dollar. Die Zahl der Betroffenen: weltweit rund drei Millionen Personen – direkt oder indirekt. Der *erste wirklich globale Betrugsfall*, wie ein Vertreter einer 21 Staaten umfassenden Anwaltsallianz bemerkte. oa

Der deutsche General Erwin Rommel bluffte ·1941· in Tripolis gleich mehrfach, indem er seine Panzer immer wieder aufs Neue um den Block fahren, Panzerattrappen aus Holz und Pappe aufstellen und Staub in der Wüste aufwirbeln ließ, um der feindlichen Aufklärung deutlich mehr Panzer vorzugaukeln, als er tatsächlich hatte

Charles Cunningham Boycott, der Namensgeber. Er wurde als ungerechter Gutsverwalter von Pächtern und Landarbeitern boykottiert und zur Flucht gezwungen

Als Protest gegen die französische Irak-Politik beschloss das US-Repräsentantenhaus in 2003 offiziell, die bisher als *French Fries* bekannten Pommes frites in *Freedom Fries* umzubenennen

Boykott ist die Strategie kollektiver Verweigerung, die von vielen Menschen gegen einen oder einige Widersacher eingesetzt werden kann, um eigenen Forderungen Nachdruck zu verleihen und Widersacher zum Nachgeben zu bewegen. Boykott kann Ausdruck zivilen Ungehorsams sein wie bspw. beim berühmten *Montgomery Bus Boycott* ·1955·. Dieser verhalf den amerikanischen Bürgerrechtlern entscheidend zum Durchbruch – eine Folge von Rosa Parks' berühmter Weigerung, einem weißen Fahrgast Platz zu machen, ihrer anschließenden Verhaftung sowie dem erfolgreichen Aufruf Martin Luther Kings an alle Farbigen, Busse bis zur Abschaffung der Segregation zu boykottieren.

Organisation von Boykott als Aufbau von Veränderungsdruck gegenüber Staat und Industrie ist ein beliebtes Handlungsmuster im Umwelt- und Verbraucherschutz. International bekannt wurde der von Greenpeace durch die Besetzung der Ölplattform Brent Spar eingeleitete Boykott der Verbraucher von Shell-Tankstellen, der in Deutschland zu Umsatzeinbußen von bis zu 50 Prozent führte. Am 30. April 1995 verhinderte Greenpeace die geplante Versenkung und mobilisierte die Öffentlichkeit, sieben Wochen später musste Shell beigeben und die Entsorgung der Plattform an Land ankündigen. Das Handlungsmuster operiert aus einer Position der Schwäche heraus und will Stärke gewinnen, indem die Summe der Ohnmacht vieler Betroffener zu einem Machtfaktor addiert wird, der die Widersacher veranlasst, ihre Position der Stärke aufzugeben. Die Erfolgsfaktoren des kollektiven Boykotts liegen also offensichtlich in der Mobilisierungskraft des Entzugs von Ressourcen beim Gegner, die ein kritisches Ausmaß erlangen müssen, um das Verhandlungsziel zu erreichen. Kollektiver Boykott basiert auf Massenerlebnissen, weshalb eine Mehrheit boykottierender Verbraucher messbar oder spürbar sein muss, um den tipping point einer Verhaltensumkehr beim Widersacher auszulösen. Es ist verständlich, dass totalitäre Staaten eine Verweigerungshaltung bei ihren Untertanen gar nicht erst zulassen wollen wie bspw. die DDR, deren Verfassung von 1949, Artikel 6, die *Kriegs- und Boykotthetze* unter Strafe stellte.

Das Handlungsmuster wird allerdings auch in *nicht* kollektiven, sondern in bilateralen oder multilateralen Konstellationen ange-

POSITION	SICHERN	ENTWICKELN	VERMITTELN

POTENZIAL	SICHERN	ENTWICKELN	VERMITTELN

wandt, z. B. wenn einzelne Staaten oder eine Gruppe von Staaten ein Wirtschafts- oder Handels-Embargo gegen einen anderen Staat aussprechen und ihn damit unter Druck setzen. Auch die laterale Verweigerung agiert aus einer Position der Schwäche, wie die Geschichte der nationalen und supranationalen Embargo-Politik belegt: Wirtschaftliche Sanktionen als Druckmittel zur Erreichung politischer Ziele verweisen zunächst auf die Schwäche oder Nichtanwendbarkeit politischer Mittel oder staatlicher Gewalt. Überdies ist die Erfolgsquote politischer Veränderungen, die durch Boykott und Embargo erzwungen wurden, bis heute äußerst gering. Die Erfolgsfaktoren des lateralen Boykotts liegen wiederum im Ausschöpfungsgrad des Entzugs von Ressourcen, im Falle eines Embargo bspw. durch möglichst vollständige Schließung der Handelskanäle sowie Maßnahmen gegen Schmuggel. Der Volksmund spricht davon, *jemanden zu schneiden*, wenn man ihn boykottiert, sei es durch den Entzug von Liebe, Aufmerksamkeit oder Aufträgen. Das Handlungsmuster arbeitet um so erfolgreicher, desto vollständiger andere von etwas abgeschnitten werden. zi

Der Aufruf zum Boykott als gesteigerter Protest und versuchte Ausübung von Druck

Boykottinitiative von Verbrauchern gegen Produkte mit genetisch verändertem Mais

Bestreikung eines Wohnzimmers durch Boykott und kollektive Verweigerung der Familie

Komödien für das Volk in Zeiten des Krieges: Im Januar 1944 wurde Hitler der Film Die Feuerzangenbowle persönlich zur Freigabe vorgeführt. Der Führer entschied, dass der Film komisch sei und die Deutschen zum Lachen bringen würde. Er wies Goebbels an, ihn unverzüglich in die Kinos zu bringen

[1] Egon Flaig: Den Kaiser herausfordern. Die Usurpation im Römischen Reich. Frankfurt/New York 1992 und Paul Veyne: Brot und Spiele. Gesellschaftliche Macht und politische Herrschaft in der Antike. Frankfurt/New York 1988

Die Redewendung *Brot und Spiele* verweist auf ein Strategiemuster, das die Absicherung einer politischen oder sozialen Machtposition durch Geschenke und Entertainment beabsichtigt. Das Handlungsmuster arbeitet indirekt gegen mögliche Wettbewerber um Macht, indem das Volk als Legitimationsbasis von Macht ruhig gestellt und narkotisiert wird, so dass es weder Grund noch Anlass hat, Wettbewerbern Gehör zu schenken und ihnen Chancen auf eine Legitimationsbasis zu verschaffen. Die strategische Mechanik des Musters besteht darin, Potenziale von Wettbewerbern vorsorglich einzuschränken, um eigene Positionen zu sichern. Weil politischen Gegnern durch Brot und Spiele öffentliche Foren und damit die Grundlage für politische Arbeit entzogen wird, entpolitisiert das Handlungsmuster auch zwangsläufig die Gesellschaft oder betroffene Schichten und Gruppen.

Diese entpolitisierende Wirkung betont bereits der römische Dichter Juvenal ·ca. 60 bis 130 n. Chr.·, der das Verständnis von *panem et circenses* bis heute maßgeblich geprägt hat. In seinen Satiren geißelt er die politischen Zustände in Rom: *Schon lange |…| kümmert sich die Menge um nichts. Das Volk |…| hält sich zurück jetzt: Nach zwei Dingen lechzt es nur – nach Brot und Spielen*. Juvenal kritisiert damit die kostenlose Ausgabe von Getreide an Teile der stadtrömischen Bevölkerung |*plebs urbana*| durch die Kaiser sowie die Gladiatorenkämpfe, Tierhetzen und Wagenrennen im Circus bzw. Amphitheater. Das Volk habe sich durch Geschenke bestechen lassen und politische Partizipation zugunsten von Unterhaltung und Zerstreuung widerstandslos aufgegeben. In diesem Sinne ist Brot und Spiele immer wieder als Strategie autokratischer oder totalitärer Herrschaft zu beobachten, die vor allem das Element der Unterhaltung gerne für ihre Zwecke nutzt. Pompöse Feste am Hof absolutistischer Könige hielten den alten Adel bei Laune, der ansonsten weitgehend entmachtet war. In den letzten Weltkriegsjahren versuchte die Propagandamaschine des nationalsozialistischen Regimes, die deutsche Bevölkerung mit UFA Filmen wie Die Feuerzangenbowle ·1944· von den Schrecken des Krieges und der absehbaren Niederlage abzulenken. Ein Beispiel aus der Gegenwart bildet das traditionelle *Arirang Fest* in Nordkorea, das mit seinen spektakulären Masseninsze-

nierungen eine bizarre Ablenkung von der Alltagsrealität in einem totalitären Regime darstellt. In der Tradition von Juvenal hat das Handlungsmuster als ideologisches Kampfmotiv Eingang in die linke Kapitalismuskritik und den postmodernen Kulturpessimismus gefunden. So werden der Unterhaltungs- und Vergnügungsindustrie allgemein entpolitisierende Absichten und eine quasi Verschwörung gegen die Interessen unterer Bevölkerungsschichten unterstellt. Der Kommunikationswissenschaftler Neil Postman hob 1985 in seiner Abhandlung Wir amüsieren uns zu Tode zu einer Fundamentalkritik der Fernsehgesellschaft an. Im aufkommenden Infotainment sah er eine Bedrohung zivilisatorischer Standards, die zu Volksverdummung und Verrohung führe. Castingshows und Big Brother sind in diesem Verständnis die zeitgenössischen Nachfolger antiker Gladiatorenkämpfe. Auf die legitimierende und repräsentative Funktion des Strategiemusters haben vor allem Ethnologen und Soziologen aufmerksam gemacht. Rituelle oder symbolische Geschenke sind in vielen Gesellschaften zur Akzeptanz und Rechtfertigung eines hohen Status oder einer herausgehobenen Position zwingend erforderlich. Der *Potlatch* oder Gabentausch in archaischen Kulturen stabilisiert mit dieser Form von Brot und Spielen den sozialen Zusammenhalt und auch die Stammesstrukturen. Selbst die von Juvenal so heftig kritisierten *circenses* legitimieren den herausgehobenen Status des römischen Kaisers und dienen der Kommunikation zwischen Herrscher und stadtrömischer Bevölkerung. Sie sind damit auf andere Art und Weise eminent politisch, wie die Historiker Paul Veyne und Egon Flaig[1] nachgewiesen haben. db

Das traditionelle Arirang Festival in Pyongyang, Nordkorea, trägt zweifach zum Machterhalt des Diktators bei: Es repräsentiert die Macht des Regimes mit einem inszenierten Massenspektakel und lenkt die Bevölkerung mit wenig Brot und viel Spiel von der bitteren Alltagsrealität ab

Verblasste Sterne: Wird die politische Geschlossenheit der EU nationalen Interessen geopfert, so nehmen das Bürger jenseits der Landesgrenze als Schwäche wahr, das Vertrauen ist erschüttert

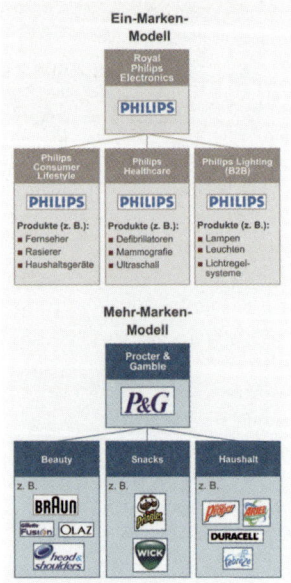

Die Dachstrategie |siehe Philips| vermittelt Potenziale, weil sie Vielfalt in der Einheit sichtbar macht. Einheit in der Vielfalt verdeutlicht hingegen die Produktmarkenstrategie |siehe P&G|, weil sie einzelne Positionen trennscharf vermittelt

[1] vgl. Niklas Luhmann: Vertrauen. Stuttgart 2000
[2] vgl. Ronald Inglehart: The Silent Revolution. Princeton 1977
[3] vgl. Pierre Bordieu: Die feinen Unterschiede. Frankfurt 1987

Die Entscheidung für eine Dachmarke oder mehrere Produktmarken ist eine Entscheidung für Einheit oder Vielfalt. In der Dachmarke drückt sich eine übergreifende Identität aus, die auf Bereiche und Produkte eines Unternehmens ausstrahlt. Eine erfolgreiche Produktmarkenstrategie steht hingegen für multiple Persönlichkeiten, die sich unabhängig voneinander entwickeln können und dies in Name, Stil und ihrer POSITIONIERUNG ausdrücken, ohne dass sie direkt auf eine größere Einheit verweisen.

Bei Marken geht es vor allem um Vertrauen, in dem der Soziologe Niklas Luhmann den wichtigsten Mechanismus zur Reduktion von Komplexität sah.[1] Diese Vereinfachung ist gerade in dem gegenwärtigen Informationsüberangebot ein strategischer Vorteil. Zentrale Stärken und Nutzen bündeln sich dabei in der Marke, über die Personen dann Beziehungen zu Unternehmen, Produkten oder Leistungen aufbauen. Dach- oder Produktmarken werden von unterschiedlichen Enden gedacht: Die Dachmarke, die auch Unternehmensmarke sein kann, folgt stärker aus sich selbst heraus einem Angebot, indem sie die unterschiedlichen Perspektiven von Anspruchsgruppen wie Investoren, Inhabern, Endverbrauchern, Lieferanten oder Mitarbeitern in sich vereint. Sie wägt ab, gleicht aus und kommuniziert vielfältig. Produktmarken sind hingegen klar fokussiert, sie orientieren sich an konkreten Nachfragen und Bedürfnissen des Marktes. Im Wettbewerb um das hohe Gut Aufmerksamkeit braucht das Produkt, das sich behaupten möchte, deshalb eindeutige und laute Botschaften.

Seit den 1960er Jahren und dem Beginn der *stillen Revolution*[2] strebt der Einzelne immer stärker nach Selbstentfaltung, so dass sich parallel zu dieser Entwicklung Geschmäcker, Meinungen und Lebensstile zunehmend ausdifferenzieren.[3] Um die Endverbraucher noch persönlich zu erreichen, wird von Produktmarken ein hoher kommunikativer Aufwand verlangt. Statt aber immer mehr Geld und Zeit aufzuwenden, um schrumpfende Zielgruppen in segmentierten Märkten zu erreichen, verlagern Unternehmen die Kommunikation auf die nächsthöhere Ebene: die der Dachmarke. Hier werden die Botschaften langfristig, übergreifend und somit für alle Bereiche gültig gedacht. Die Vorteile dieser Vorgehensweise bergen zu-

POSITION	SICHERN	ENTWICKELN	VERMITTELN

POTENZIAL	SICHERN	ENTWICKELN	VERMITTELN

gleich auch die größten Gefahren in sich, denn positive oder negative Nachrichten breiten sich im Extremfall auf das Unternehmen und sein gesamtes Sortiment aus, da alles zusammenhängend beurteilt wird.

Am Beispiel der Europäischen Union |EU| während der Griechenlandkrise ·2010· wird deutlich, wo das Problem dieses strategischen Ansatzes liegt. Die EU bildet das politische, wirtschaftliche und gesellschaftliche Dach über den einzelnen, in ihr vereinten Ländern. Die Länder funktionieren dabei wie Produktmarken, die bestimmte nationale Bedürfnisse bedienen. Um in wirtschaftlich schweren Zeiten Vertrauen in die Gemeinschaft und ihre Währung, den Euro, herzustellen, bedarf es vor allem an Geschlossenheit. Die Krise zeigte jedoch, dass die politischen Eliten in Deutschland, Frankreich oder Italien zuerst Eigeninteressen bedienten und somit der Welt und ihren Kapitalmärkten, gewollt oder nicht gewollt, suggerierten, dass sie selbst kein großes Vertrauen in den europäischen Verbund hatten.

Auch Dynastien können wie Dachmarken funktionieren, da ihre Familien ähnliche Prägungen haben, z. B. die Agnellis in Italien, die Kennedys in den USA oder die Manns zu Beginn des vorigen Jahrhunderts in Deutschland. Diese Familien stehen für einen kaufmännischen, politischen oder künstlerischen Geist, der sie umtreibt. Immer wieder gibt es hier mehr oder weniger erfolgreiche Versuche, aus dieser Tradition auszubrechen und sich wie eine Produktmarke abseits des übermächtigen Daches zu platzieren, so wie sich z. B. zunächst die Seerechtlerin Elisabeth Veronika Mann Borgese über die Naturwissenschaft von ihrem literarischen Elternhaus emanzipierte. Durch ihre Rolle als Zeitzeugin in dem Dokumentar-Spielfilm Die Manns – Ein Jahrhundertroman, in dem sie tiefe Einblicke in die Geschichte ihrer Familie gab, wurde sie dann aber wieder dort eingeordnet, wovon sie sich Jahrzehnte erfolgreich befreit hatte. mf

Die Familie unter einem Dach: 1914 bezogen die Manns in München ihr *Stadtpalais*, wie es Thomas Mann nannte. Neben seiner Frau Katia |Bildmitte| wohnten hier die Kinder Monika, Golo, Michael, Klaus, Elisabeth und Erika |von links|. Nur Elisabeth konnte sich erfolgreich vom Vater emanzipieren. Die anderen Kinder litten unter dem Ruf des Literaturnobelpreisträgers; er sei die *bitterste Problematik seines Lebens*, erinnerte sich bspw. Klaus Mann. Und weiter: *Ich habe meinen unvoreingenommenen Leser noch nicht gefunden*

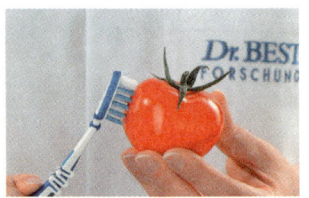

Der bekannte Tomatentest
zeigt: *Die klügere Zahnbürste
gibt nach.* Als Ergebnis um-
fangreicher Entwicklungsarbeit
stellt die Dr. Best-Forschung
im Jahre 1988 die Federung
im Bürstenstiel vor. Die
flexibele Zone kontrolliert
die Kräfte, die ungewollt auf
Zahnfleisch und Zähne ausgeübt
werden, und ermöglicht somit
eine schonende Reinigung

[1] Carl von Clausewitz:
Vom Kriege. Stuttgart 1980
[2] ebd.
[3] ebd.
[4] ebd.
[5] Philip Kotler, Ravi Singh:
Marketing warfare in the
1980s. In: Journal of Business
Strategy. 1981

Carl von Clausewitz plädiert *für die Überlegenheit der strategischen Verteidigung gegenüber der Offensive, weil der Angriff selbst nicht ohne Beimischung von Verteidigung sein kann, und zwar von einer Verteidigung viel schwächerer Art.*[1] Der eigentliche Akt in der Strategie liegt für Clausewitz daher im *beständigen Wechseln und Verbinden von Angriff und Verteidigung*[2]. Die Schwäche der Offensive besteht darin, dass sie nicht unendlich fortgeführt werden kann und irgendwann zum Erliegen kommen muss, d. h. die Verteidigung ist als, wie Clausewitz sagt, *retardierendes Gewicht*[3] einer jeden Offensive inhärent. Das Zusammenwirken von Offensive und Defensive lässt sich besonders gut anhand der Tet-Offensive Nordvietnams und des Vietcong studieren, die am 30. Januar 1968 begann, einen Tag vor dem vietnamesischen Neujahrsfest. Die Linien Südvietnams und der USA wurden an über 100 Punkten angegriffen und hart getroffen, allerdings dauerte es nur wenige Tage, bis die US-Army die Gefahr eines Durchbruchs vereitelt und die ursprüngliche Front wiederhergestellt hatte. Militärisch war die Tet-Offensive also kein Erfolg, aber sie hatte die amerikanische Öffentlichkeit psychologisch tief verwundet und ließ die Stimmung kippen. Die Mehrheit wendete sich jetzt gegen diesen Krieg, der als sinnlos empfunden wurde, weil man ihn offensichtlich nicht gewinnen konnte. Clausewitz beschreibt dieses Phänomen als *Kulminationspunkt des Angriffs, bei dem der Angreifende Friedensvorteile einkauft [...], die er aber auf der Stelle bar mit seinen Streitkräften bezahlen muss.*[4] Die Offensive ist also nur dann eine starke Strategie, wenn sie einen erfolgskritischen Kulminationspunkt erreichen kann. Im Krieg ist das immer der Frieden, in der Wirtschaft sind es Marktanteile, die nicht sofort wieder wegbrechen und nun ihrerseits verteidigt werden können.

Ein früheres Beispiel für die erfolgreiche Offensive im Marketing ist der Angriff von Pepsi-Cola auf Coca-Cola aus dem Jahre 1939. Coca-Cola war durch den Vertrieb seines Produkts in der berühmten Flasche und über Kühlautomaten allgegenwärtig und marktbestimmend, als Pepsi die doppelte Menge Cola zum gleichen Preis in einer großen Flasche anbot, über den Lebensmittelhandel vertreiben ließ und mit dem schnell landesweit bekannten Slogan *twice as much for a nickel, too* bewarb. Pepsi gewann Marktanteile, die Coca-Cola nicht

POSITION	SICHERN	ENTWICKELN	VERMITTELN

POTENZIAL	SICHERN	ENTWICKELN	VERMITTELN

zeitnah zurückgewinnen konnte, weil weder die typische Coca-Cola Flasche noch die Kühlautomaten rasch genug auf ein doppeltes Format angepasst werden konnten. Der Kulminationspunkt bestand hier in der voraussehbaren Reaktionsschwäche Coca-Colas und machte den Angriff zu einem Erfolg. Philip Kotler und Ravi Singh definieren fünf strategische Modelle der Marketingoffensive |*frontal, flanking, encirclement, bypass, guerilla*| und sieben für die Defensive |*position, mobile, pre-emptive, flank position, counter offensive, strategic withdrawall*.[5] Die strategische Leistung von Defensive und Offensive liegt in der Interaktion der Handlungsmuster, wobei die Defensive stets Spannung und Mobilität aufrecht erhalten, die Offensive hingegen FOKUS auf den Kulminationspunkt richten muss. ed|zi

Twelve full ounces, that's a lot. Twice as much for a nickel, too. Pepsi-Cola is the drink for you

Die Tet-Offensive des Vietcong war kein militärischer, aber ein propagandistischer Erfolg. Die Stimmung in den USA kippt, der Vietnam-Krieg erscheint jetzt als sinnloser Kampf, der nicht zu gewinnen ist. Kriegsgegner gewinnen allmählich die Oberhand über die Befürworter

Dekonstruktion in der Architektur: Walt Disney Concert Hall in Los Angeles von Frank Gehry

Das Handlungsmuster Dekonstruktion kann als Strategie der Rekonfiguration in Philosophie, Sprach-, Literatur- und Kunstwissenschaft sowie in Architektur, Design und Unternehmensführung beobachtet werden. Konstruktion und Destruktion werden bei der Dekonstruktion methodisch verschränkt, um neue Sinnkonstruktionen zu ermöglichen. Ohne den Begriff Dekonstruktion zu verwenden, hatte bereits der österreichisch-amerikanische Ökonom Joseph Schumpeter die *schöpferische Zerstörung* ·1911· als Prinzip der Makroökonomie und als Königsdisziplin des wahren Unternehmers ausgemacht: So wie Märkte unaufhörlich ihre Strukturen zerlegen und neu aufbauen, müsse auch jedes einzelne Unternehmen seine organisch gewachsenen Strukturen und Funktionen immer wieder zerschlagen und neu zusammensetzen, um aus Zerstörung und Wiederaufbau neue kreative Lösungen zu gewinnen. Dieter Heuskel von der Boston Consulting Group versteht den strategischen Effekt der Dekonstruktion als Entstehung neuer *Wertschöpfungsarchitekturen*. Noch vor Schumpeter hatte bereits Karl Marx Dekonstruktion als Wesensprinzip des Kapitalismus enttarnt, weil die Zerlegung und *manufakturmäßige Teilung der Arbeit* sui generis eine immer weitere Zergliederung der Produktionsprozesse nach sich ziehe und die Erfindung immer neuer Maschinen begünstige | Das Kapital, I, 4, 12 |. In Philosophie und Geisteswissenschaften entwickelt sich Dekonstruktion seit ihrer Fundierung durch Jacques Derrida zu einer Strategie der spielerischen Synthese neuer Sinnkonstrukte. Derridas Verständnis von Dekonstruktion als *Bricolage* [1] betont die Bedeutung der Improvisation beim Zerlegen, Zergliedern und neu Zusammenbasteln von Etwas, weil innovative Lösungen nur dann entdeckt werden können, wenn man auf klassische Methoden, Systematik und vor allem auch Dialektik verzichtet. Nikolaus Wegmann definiert Dekonstruktion *als Kalkül, das bei der Lektüre von Texten angewandt wird, um die Geltungsansprüche einer auf die Ermittlung von Sinn ausgerichteten Interpretation zu unterlaufen*. [2] Das verweist auf die tiefe Skepsis dieser Strategie gegenüber Bedeutungen, die aus Gewohnheit oder Wunschdenken in Texte, Strukturen, Architekturen oder Geschäftsmodelle hineingelesen werden und dabei den Blick für potenziell neue Lösungen verstellen. Dekonstruktion ist als Strate-

[1] siehe zu Bricolage auch Claude Lévi-Strauss: Das wilde Denken. Frankfurt 1962 und Rainer Zimmermann: Verfremdung, Verwilderung und Exformation. In: Miniaturen. 17 Essays zu Strategie und Design. Hg. Fachbereich Design. FH Düsseldorf 2009
[2] In: Reallexikon der Deutschen Literatur. Hg. Klaus Weimar. Berlin, New York 1997
[3] In: Peter Eisenman: Aura und Exzeß. Zur Überwindung der Metaphysik der Architektur. Wien 1995
[4] Kenya Hara: Designing Design. Baden 2007

POSITION	SICHERN	ENTWICKELN	VERMITTELN

POTENZIAL	SICHERN	ENTWICKELN	VERMITTELN

gie immer darauf gerichtet, nicht graduell, sondern kategorial neue Potenziale in einer vorhandenen Struktur oder Organisation zu entdecken.

In der Architektur ist das Handlungsmuster von Frank Gehry, Daniel Libeskind, Rem Koolhaas, Peter Eisenman, Zaha Hadid, Coop Himmelblau und Bernard Tschumi angewendet und geprägt worden. In seinem Briefwechsel mit Jacques Derrida betont Peter Eisenman die Gegenwärtigkeit als wesentliche Leistung, die aus *den Restbeständen des Hier und Jetzt nach ihrer Dekonstruktion hervorgehe*.[3] Der japanische Designer Kenya Hara arbeitet mit Dekonstruktion als Informationsstrategie, die er als Methode der Exformation bezeichnet. Er verweist auf den semantischen Kern von informieren als *shaping, giving a certain form* und interpretiert es als exformieren: *the meaning of ex includes not, out of, outside, eliminated, prior and others*.[4] Wie bei Eisenman wird Dekonstruktion als Methode der Unvoreingenommenheit verstanden, die neue Vitalität und Präsenz von Sinn ermöglicht. zi

Der amerikanische Konzeptkünstler Gordon Matta-Clark legte mit seinen berühmten *Cuttings* aus den 1970er Jahren durch Dekonstruktion neue Strukturen in abbruchreifen Häusern frei

Kultprodukt Post-it von 3M,
einem Unternehmen mit unzäh-
ligen Produkten und eines der
wenigen Beispiele für eine
laterale Diversifikation auf
Produktebene

Die gemischte Strategie
in der Vermittlung: Beiläufig
ausgestreut findet die Klima-
botschaft am Strand ihre
Zufallskunden und diversifi-
ziert die Reichweite ins Unge-
fähre

Der Volksmund kennt die strategischen Vorzüge der Diversifikation bei der Reduktion von Risiken | nicht alle Eier in einen Korb legen | und Lasten | auf viele Schultern verteilen |. Die Verteilung oder Streuung von Risiken und Lasten ist eine gängige Praxis in Staat, Gesellschaft und Wirtschaft. In der Finanzwirtschaft werden Risiken nicht allein verteilt und gestreut, sondern auch gemischt. Neben diesen Aspekten des Handlungsmusters, die bei der Diversifikation von Risiken dominieren, tritt bei der Diversifikation von Chancen dann ein weiterer Aspekt hinzu: Das Auffächern. In der Evolutionsbiologie bezeichnet Diversifikation ein Maß für Mutation innerhalb einer Population. Wenn die genetische Bandbreite einer Population durch Mutationen aufgefächert werden kann, entstehen zwangsläufig mehr und neue Chancen.

Bei der Maximierung von Chancen und Erfolg setzen auch die Unternehmen auf das Auffächern ihres Sortimentes oder Portfolios in horizontaler oder vertikaler Dimension, seltener hingegen auf die laterale. Ein gutes Beispiel für die horizontale Diversifikation eines Sortiments ist Nivea. Die Produktlinien wurden kontinuierlich ausgebaut. Neben die Creme traten Milk, Baby, Bath, Sun, Body, Hair, Visage, for Men und Deo. Die vertikale Diversifikation auf Produktebene kommt einer Verlängerung der Wertschöpfungskette gleich, sei es upstream durch Erhöhung der Fertigungstiefe in eigenen Produkten oder downstream durch deren Weiterverarbeitung und Distribution.

Die Diversifikation von Geschäften zu einem Portfolio folgt vertikalen und horizontalen Entwicklungslinien des Auffächerns wie die von Produkten zu Sortimenten. Allerdings spielen die lateralen Diversifikationen hier eine größere Rolle. Konglomerate ohne Fokus und Konzentration auf Schwerpunkte wurden und werden von den Kapitalmärkten nicht begünstigt, obwohl sie theoretisch sowohl eine bessere Risikoverteilung als auch eine Chancenmaximierung gewähren könnten. Die laterale Dimension des Handlungsmusters erscheint insgesamt als die schwächste, weil zufälligste Auffächerung des Produktes oder Portfolios, man könnte auch sagen, der DNA des Unternehmens. Aus Sicht der Spieltheorie muss diese Zufälligkeit jedoch keineswegs nachteilig sein. In der gemischten

POSITION	SICHERN	ENTWICKELN	VERMITTELN

POTENZIAL	SICHERN	ENTWICKELN	VERMITTELN

Strategie, einem Theorem John v. Neumanns, lassen Spieler Zufalls-entscheidungen nach einem von ihnen ausgewählten Zufallsme-chanismus zu und minimieren damit ihre Verluste |Theory of Games and Economic Behavior|. Die Integration eines dosierten Faktors Zufall in die Entscheidungskette kann für die Spieltheorie durchaus eine vernünftige Strategie sein, in der Betriebswirtschaft jedoch kaum. Spiel und Wettbewerb sind nur bedingt vergleichbar, aber die Muster des strategischen Repertoires reichen über diese Grenzen hinaus. Der Ursprung des Begriffs und seine Verwendung in der Agrikultur unterstreichen den strategischen Kern dieses Handlungsmusters. Das Ausstreuen der Saat dient der Chancenmaximierung. Der Verzicht auf Monokulturen dient der Risikominimierung. Diversifikation ist eine Strategie zur Maximierung von Chancen und zur Reduktion von Risiko. zi

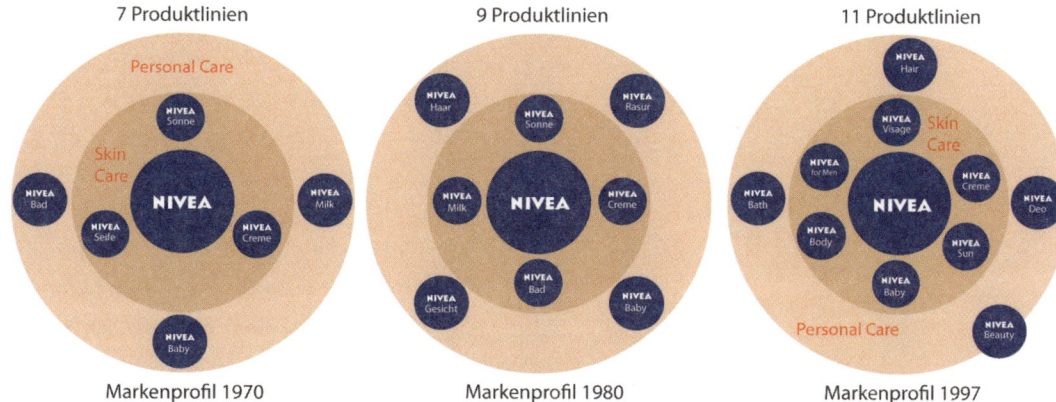

7 Produktlinien   9 Produktlinien   11 Produktlinien

Markenprofil 1970   Markenprofil 1980   Markenprofil 1997

Produktdiversifikation am Beispiel Nivea

Im Rahmen der neuen Doppelstrategie Obamas soll die
selbsttragende Sicherheit der
afghanischen Armee und Polizei rasch verstärkt werden,
um sich dann schnell zurück-
ziehen zu können

In der *Corporate Strategy*
werden Doppelstrategien in
Situationen hoher Marktun-
sicherheit eingesetzt, um Er-
folgspotenziale in der Zukunft zu sichern. So kaufte
der Zeitungstycoon Rupert
Murdoch nicht nur das <u>Wall
Street Journal</u>, sondern auch
MySpace. Klassische Bastionen
werden also ausgebaut, während
gleichzeitig in deren Kanni-
balisierung investiert wird

Die Doppelstrategie wurde einst von den Jusos erfunden, die zugleich innerhalb der Partei durch die Erringung von Mehrheiten in den Gremien und außerhalb durch Basismobilisierung und öffentlichen Druck wirken wollten. Später agierten die Grünen sowohl im Parlament als auch durch das Mittel der sozialen Bewegung. Der Kern der Doppelstrategie ist die gleichzeitige Anwendung völlig unterschiedlicher, oft sogar bislang als gegensätzlich geltender Methoden. Die Basis erfordert bunte, unkonventionelle Aktivitäten, das parlamentarische System professionelles Agieren. Daher stehen beide Arme dieser Strategie in einem ständigen Spannungsverhältnis. Die Gegner kritisieren Doppelzüngigkeit.

Die Anwendung einer Doppelstrategie ist immer dann zu empfehlen, wenn das eigene, schon mobilisierte Potenzial durch die Anwendung einer Linearstrategie unproduktiv eingeengt und gelähmt würde. Die unangepassten Basisaktivisten der Jusos und die bunten Ökoinitiativen konnten überhaupt nur auf diese Weise genutzt werden. Der Schwung der Bewegung oder das Charisma von Anführern muss aber ausreichen, um beide Bereiche zusammenzuhalten und in die gleiche Richtung zu führen. Ohne eine anhaltende Mobilisierung ist diese Strategie ungeeignet. Denn Clausewitz verlangt ja, dass jede Einzelaktion dem Zweck des Gesamtplans zu dienen hat. Andernfalls wäre sie nutzlos und womöglich störend – oder wie man heute sagt, irrelevant. Gerade bei der Doppelstrategie ist die Gefahr der Reibungsverluste durch mangelnde Bündelung auf das angestrebte Ziel hin schon durch die Heterogenität, ja teilweise gar die Gegensätzlichkeit der beiden Flügel gegeben.

Solche Reibungsverluste einer Doppelstrategie konnte man anschaulich an der Entwicklung der sogenannten *Reagonomics* beobachten, der von Ronald Reagan praktizierten Kombination einer angebotsorientierten Wirtschaftspolitik mit klassischem Monetarismus in der Prägung Milton Friedmans. Reagan senkte die Steuern und hielt gleichzeitig das Geld knapp, um einer Inflation vorzubeugen, was von seinen Kritikern als der Versuch beschrieben wurde, einem Pferd die Sporen zu geben und dabei die Zügel anzuziehen. Die israelische Politik ist seit 2001 von einer Doppelstrategie gegenüber den Palästinensern geprägt, die eine für die Fatah und Westjordan-

POSITION	SICHERN	ENTWICKELN	VERMITTELN

POTENZIAL	SICHERN	**ENTWICKELN**	VERMITTELN

land als APPEASEMENT, die andere für die Hamas und Gaza in Form kompromissloser Härte.

Die Beispiele verdeutlichen die Stoßrichtung des strategischen Handlungsmusters. Die Doppelstrategie will nicht etwa die Wirkung der einen Strategie durch den Einsatz einer zweiten verstärken, sondern vielmehr die Wirkung der einen durch die Wirkung der anderen ausgleichen. Die *Kampa* als parallele Wahlkampforganisation Gerhard Schröders zum Apparat der SPD musste so vor allem den für Schröders Positonierung zu linkslastigen Wahlkampf der Genossen korrigieren und zu einem neuen Gesamteindruck zusammenschnüren. Die Doppelstrategie will immer gegenläufige Wirkungen ausbalancieren. Auch die Strategie Barack Obamas, die Truppen in Afghanistan aufzustocken und zugleich das Datum des Rückzugs bekanntzugeben, ist eine Doppelstrategie zur Erreichung militärischer Ziele bei gleichzeitiger Besänftigung der amerikanischen Öffentlichkeit. Allerdings wird von Militärstrategen wie General David Petraeus bezweifelt, dass die *Unity of Effort* hier gewährleistet wird. wrs

Doppelstrategie zur Zahngesundheit: morgens Aronal gegen Plaque, abends Elmex gegen Karies

Die Argentinische Ameise, Linepithema humile. Sie verfolgt eine Doppelstrategie, indem sie andere Arten direkt angreift und zugleich dazu übergeht, deren Ressourcen zu blockieren

Doppelstrategie von Anwälten: ihre Leistung gleichzeitig Tätern und Opfern anbieten

Die Millenium Bridge zwischen
Newcastle und Gateshead ver-
zichtet auf die naheliegende
Idee des kürzesten Weges und
gewinnt Schnelligkeit zu geringen Kosten beim Kippen der
Brücke für durchfahrende Boote

Stadtplanung mit dem Lineal
von Georges-Eugène Haussmann
im Paris des 19. Jahrhunderts:
Blickachsen als Durchstechen
gewachsener Strukturen

Durchstechen ist die Strategie der radikalen Verkürzung von Prozessen. Die Redensart ist seit Erasmus von Rotterdam überliefert,
der in seiner Adagia ·1503 bis 1533·, einer Sammlung von antiken
Weisheiten und Sprüchen, dazu folgendes erklärt: *Die Redensart
den Isthmus durchstechen gebraucht man von Leuten, die in irgendeiner
Sache große, aber vergebliche Anstrengungen machen.* Hier deutet sich
bereits an, dass es sich bei diesem Handlungsmuster um eine eigentlich schwache Strategie handelt, um Potenziale zu entwickeln.
Den historischen Kontext für die antike Metapher, auf die Erasmus
sich hier bezieht, bildet der Isthmus von Korinth. Die Halbinsel Korinth zu umsegeln, war gefährlich und zeitraubend, weshalb Deme-
trius, Caesar, Claudius und Nero versucht hatten, den Isthmus mit
einem Kanal zu durchstechen, was jedoch nicht gelang und mit Un-
glück für die Arbeiter verbunden war. In der antiken Rezeption galt
ein solcher Plan als Eingriff in das Werk der Götter und unerlaubte
Veränderung schicksalhafter Spielregeln. Auch das Orakel von Del-
phi hatte abgeraten, den Isthmus zu durchstechen. Die Erfahrung
über Jahrhunderte, dass dieser Plan zum Scheitern verurteilt ist, hat
die Rezeptionsgeschichte bis hin zu Erasmus und darüber hinaus zu
der Überzeugung gebracht, dass Durchstechen vergeblich bleibt.
Unabhängig davon hatte schon Konfuzius erkannt, dass *die längsten
Wege unbekannte Abkürzungen* sind.

Neben dem Durchstechen als Durchtrennen und Durchbohren bezieht sich die lateinische Wendung des *perfodere* dann auch auf die
Bedeutung des Durchlöcherns und damit den Kontext, aus dem
das Handlungsmuster heute hauptsächlich bekannt ist: das sogenannte Durchstechen von Informationen. Der englische Begriff
information leak macht den Effekt einer gezielten Indiskretion als
Strukturverletzung anschaulich und legt die Schwäche der Strategie erneut frei: Man kann solche Löcher nur in Boote bohren, in denen man selbst auch sitzt, sei es die Rechtsordnung oder kulturelle
Spielregeln. Verletzte Strukturen setzen sich zur Wehr, wie das Beispiel der sogenannten *Cicero-Affäre* zeigt. Nachdem das politische
Magazin Cicero einen Artikel des freien Journalisten Bruno Schirra
veröffentlicht hatte, in dem aus geheimen Auswertungsberichten
des BKA zitiert wurde, ordneten Gerichte eine Durchsuchung der

POSITION	SICHERN	ENTWICKELN	VERMITTELN

POTENZIAL	SICHERN	**ENTWICKELN**	VERMITTELN

Alte Strukturen können häufig nicht mehr rückgebaut oder entflochten, sondern nur noch zerschlagen und durchstochen werden wie der Gordische Knoten

Redaktionsräume an. Der spätere Vorsitzende des BND Untersuchungsausschusses Siegfried Kauder erklärte: *Das Durchstechen von geheimen Informationen ist eine Straftat* |zit. n. SZ|. Allerdings erwies sich die Durchsuchung der Redaktionsräume dann als ebenfalls rechtswidrig, nachdem das Bundesverfassungsgericht in seinem *Cicero-Urteil* die Pressefreiheit und den Schutz der Informanten als höheres Rechtsgut erachtete als die Enttarnung des Informanten. In diesem Falle war also das Durchstechen von Informationen an die Medien nicht nur erfolgreich, sondern gleichsam strukturbildend für die Zukunft.

Das Gelingen einer Strategie des Durchstechens scheint von einem einzigen Faktor abhängig: der schnellen, entschlossenen, quasi brutalen Ausführung. Tatsachen zu schaffen, bevor die Strukturen sich wehren können, war das Ziel Alexanders des Großen beim Zerschlagen des *Gordischen Knotens* oder Georges-Eugène Haussmanns bei der Stadtplanung von Paris im 19. Jahrhundert. Er musste zu Lebzeiten den Zorn und die Kritik der Zeitgenossen über seine Zerstörung der gewachsenen urbanen Strukturen durch Blickachsen und Boulevards ertragen und hat seine spätere Anerkennung nicht erlebt. Stadtplanung à la Haussmann ist heutzutage allerdings nur noch in totalitären Regimes wie China möglich, wo neue Achsen in die Städte geschlagen werden können, ohne sich um den Protest der Enteigneten zu kümmern. Die Anwendung des Handlungsmusters produziert immer und automatisch viele Skeptiker und Feinde, die den erwünschten Erfolg um so hartnäckiger verhindern, je länger er sich herauszieht. Und denen, die es dann doch geschafft haben, winkt lebenslanges Nachkarten mit Schmach und Kritik der Zeitgenossen. oa|zi

Entspannung durch Sammlung in Tantra und Meditation

Eine im Aufbau von Spannung erzeugte Energie soll sich entladen. Kann sie das nicht, führt die Spannung im System ihres Erzeugers zu Verschleißerscheinungen: Es bilden sich Risse, die Spannkraft leiert aus. In diesem Sinne bildet Entspannung ein universelles Handlungsmuster zur Korrektur fehlgeschlagener Pläne oder Strategien, wenn der Aufbau eigener Spannung und Druck gegen einen Kontrahenten sich aus irgendwelchen Gründen nicht entladen kann oder darf und wenn wegen Aussichtslosigkeit oder zum Selbstschutz ein Strategiewechsel eingeläutet werden muss. Entspannung bedeutet, eigene Positionen und Ziele ohne inneren und äußeren Druck revidieren, variieren oder zumindest zeitlich verschieben zu können, während gleichzeitig auch die Positionen des Kontrahenten neu analysiert und bewertet werden können. Die Wahl dieses Handlungsmusters bildet so das Eingeständnis, dass die ursprüngliche Politik oder Strategie gescheitert ist, gleichermaßen aber auch die Chance zu einem neuen Anlauf strategischer Planung.

In der Sprache der klassischen Diplomatie wird unter Entspannung zweierlei verstanden: Im Falle eines multipolaren internationalen Systems mit geringen ideologischen Unterschieden bedeutet Entspannung die Entschärfung zwischenstaatlicher Spannungen. Ziel der Entspannungspolitik ist es, eine drohende militärische Auseinandersetzung zu verhindern, ohne dass die Konflikte zwangsläufig aufgehoben werden müssen. Entspannung ist hier die erste Stufe eines Prozesses, der von einer Annäherung |*Rapprochement*| über eine Verständigung in bestimmten Bereichen |*Entente*| hin zu einer ALLIANZ führen kann. Bekannter ist der Begriff jedoch in der zweiten Bedeutung, der die Bedingung des bipolaren internationalen Systems und der ideologischen Gegnerschaft nach 1945 zugrunde liegen: Entspannung beschreibt in diesem Fall den Versuch, die Gefahr einer politischen und militärischen ESKALATION zwischen Staaten und Bündnissystemen einzuschränken.

In Deutschland wird der Begriff vor allem mit der *Ostpolitik* verbunden, die die westdeutsche Außenpolitik beginnend mit der Regierungszeit von Bundeskanzler Willy Brandt in den Jahren 1969 bis 1989 prägte. In einer Zeit der ständigen Konfrontation und des Wettrüstens von West- und Ostmächten setzte sie maßgeblich dar-

POSITION	SICHERN	ENTWICKELN	**VERMITTELN**

POTENZIAL	SICHERN	ENTWICKELN	VERMITTELN

auf, in Verhandlungen mit Polen, der DDR, der UdSSR sowie anderen Staaten des Warschauer Paktes einen Verzicht auf Gewalt vertraglich zu sichern. Im Hinblick auf das Verhältnis zwischen den beiden deutschen Staaten verfolgten Brandt und in modifizierter Weise auch seine Nachfolger das Konzept eines *Wandels durch Annäherung*. Die Bundesrepublik entspannte das Verhältnis zur DDR durch Subventionen, Verbesserung der Handelsbeziehungen und materielle Erleichterungen für die Menschen. Die DDR sorgte im Gegenzug für verbesserte Reisebedingungen und ein humaneres Grenzregime an der innerdeutschen Mauer. Der Strategiewechsel in der deutschen Außenpolitik wurde durch SYMBOLISCHE HANDLUNGEN wie Willy Brandts Kniefall bei seinem Besuch in Polen vor dem Ehrenmal des jüdischen Ghettos am 7. Dezember 1970 untermauert. In großen Teilen der Zeitgeschichtsforschung wird die neue Ostpolitik als ein wichtiger Schritt zur Wiedererlangung der deutschen Einheit gesehen.

19. März 1969: erstes gesamtdeutsches Treffen zwischen Bundeskanzler Willy Brandt und dem DDR-Ministerratsvorsitzenden Willi Stoph in Erfurt. Der Anfang einer jahrelangen westdeutschen Entspannungspolitik zur Annäherung von West und Ost

Entspannung ist ein selbstkritisches Handlungsmuster. Es verordnet die zumindest vorübergehende Aufhebung der Fixierung eigenen Willens, um sich, wie der Volksmund sagt, wieder *sammeln* zu können: in eigenen Kräften, Zielen und Plänen. Im möglichen Verzicht auf ursprüngliche Ambitionen der Spannungsphase liegen dann auch neue strategische Freiheitsgrade der Selbstbestimmung und Autonomie. An dieser Stelle schneidet sich das Handlungsmuster mit der ASKESE, die Macht gewinnt, indem Abhängigkeit von Machtansprüchen abgebaut wird. ta

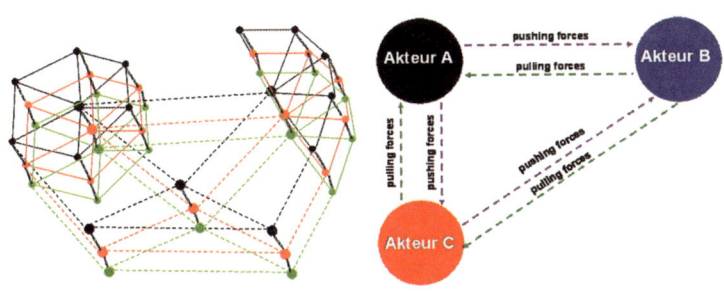

Cobweb Modell: Multipolares internationales System |links|. Billard Ball Modell: Bipolares internationales System |rechts|

Deeskalation bei Demonstratio-
nen mit Gasmasken im lustigen
Goofy-Design

Das Lübecker Hütchen als Vor-
bote erwarteter Eskalationen,
hier bereits angekettet, um
nicht als Wurfgeschoss ver-
fremdet zu werden

[1] vgl. Wihelm Kempf: Gewaltursachen und Gewaltdynamiken in
Konflikt und Gewalt. Münster
2000
[2] Friedrich Glasl: Konfliktmanagement. Ein Handbuch für
Führungskräfte, Beraterinnen
und Berater. Stuttgart 2004
[3] vgl. Wilhelm Kempf: ebd.
[4] Charles E. Osgood: Perspective in Foreign Policy. Palo
Alto 1966
[5] vgl. Dierk Franck: Verhaltensbiologie. Stuttgart 1985

Eskalation und Deeskalation sind sowohl bewusst gewählte Strategiemuster bei Konflikten als auch intuitive Verhaltensmuster, die
nicht rational gesteuert sind. Sie sind in vielen Sphären zu beobachten: im Privatleben, in und zwischen Organisationen und ihren
Organen, in der Gesellschaft, zwischen Staaten. Das führt zu einer
einzigartigen interdisziplinären Befruchtung ihrer Erforschung. In
der Psychologie, der Sozialpsychologie und der Organisationspsy-
chologie sowie in der Kommunikations- und der Konfliktforschung
wird der Begriff der Eskalation verwendet, um Beziehungsentwick-
lungen zu charakterisieren, die einen sich steigernden Intensitäts-
verlauf zeigen. Die Prozesse und psychologischen Voraussetzungen
bei einer wachsenden Zuspitzung von Konflikten zwischen Individuen, bspw. in Konkurrenzbeziehungen oder bei Trennungs- und
Scheidungskonflikten, in Gruppen, wie zwischen Jugendgangs, bis
hin zu militärischen Eskalationen in internationalen Beziehungen
werden analysiert, und Deeskalationsmodelle daraus abgeleitet.
Da es sich mitunter um archaische Verhaltensmuster handelt, hat
auch die Evolutionsbiologie, beginnend mit Konrad Lorenz wesentlich zu ihrem Verstehen beigetragen.

Unter Konflikten versteht man das Aufeinandertreffen unvereinba-
rer Handlungstendenzen. Sie spielen sich in drei Dimensionen ab,
die sich zum Teil gegenseitig bedingen: Sachfragen und Inhalte, Ein-
stellungen der Parteien untereinander sowie Verhalten. Konflikte
sind nicht a priori schädlich – im Gegenteil: Sie eröffnen Chancen
für eine neue Gestaltung der zwischen den Parteien bestehenden
Beziehungen. Aggression im ursprünglichen Sinne – also nicht not-
wendig mit Gewalt verbunden, sondern als Kompetenz, bei Konflikten Ziele auch gegen den Widerstand Anderer zu verfolgen - ist für
die Kulturleistung der Menschheit unabdinglich. Konflikte können
auch kooperativ gelöst werden, um eine allseits zufriedenstellende
Lösung herbeizuführen. Verfrühte Kooperation und das Fehlen sta-
biler Abmachungen bergen allerdings die Gefahr, in Frustration zu
münden, welche dann die Eskalationsdynamik des Konflikts neu in
Gang setzt.[1]

Die Eskalation erfolgt idealtypisch in drei Ebenen, die nach Friedrich Glasl[2] in neun Stufen differenziert werden können. Eine Stufe

POSITION	SICHERN	ENTWICKELN	VERMITTELN

POTENZIAL	SICHERN	ENTWICKELN	VERMITTELN

folgt der anderen, indem die Parteien immer drastischere Mittel zur Durchsetzung ihrer Ziele anwenden. Auf der ersten Ebene sind noch *win win*-Möglichkeiten offen. Die nächste Eskalationsebene ist nach dem *win lose*-Prinzip konzeptualisiert. Es wird wichtiger, den Streit zu gewinnen, als das Problem zu lösen. Das Bild der gegnerischen Partei wird verzerrt. Es werden Fakten geschaffen. Der Übergang zum Kampf erfolgt, wenn eine der Parteien sich verletzt fühlt und befürchtet, noch mehr verletzt zu werden. In der nächsten Ebene eskaliert der Konflikt zum Krieg. Der Gegner soll physisch vernichtet werden und|oder unter Anwendung von physischer oder psychischer Gewalt zum Nachgeben gezwungen werden. Am Ende geht es nicht einmal mehr darum, zu gewinnen, sondern darum, dass der andere nicht gewinnen darf.[3]

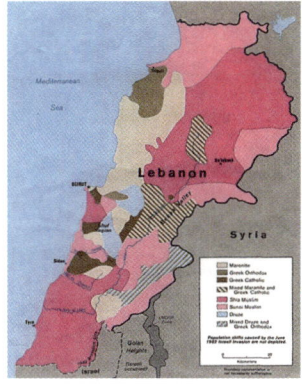

Die weltweit höchste Eskalationswahrscheinlichkeit von inneren Konflikten weist der Libanon auf. Deeskalationsmanagement ist hier Tagesgeschäft

Deeskalation soll die Eskalation auf höhere Konfliktstufen verhindern und im Idealfall die Konfliktlösung herbeiführen. Je nach Eskalationsstufe können unterschiedliche Deeskalationsstrategien wirksam sein. Zu ihnen gehören bspw. die Moderation oder Schlichtungsverhandlung, aber auch die zunächst gewaltsame Befriedung von Kriegsparteien. Aus eigenem Antrieb können vertrauensbildende Maßnahmen realisiert werden. Osgood[4] schlug eine Taktik zur einseitig initiierten Entspannung bei internationalen Krisen vor, die eine Abfolge von versöhnenden und – bei fehlendem positiven Response – beschränkten Maßnahmen zur Vergeltung beinhaltet. Diese Taktik zur Abrüstung eingesetzt zu haben, wird Gorbatschow

Eskalationsstufen nach Glasl

nachgesagt. Schon Primaten kennen das Handlungsmuster: Um potenzielle Eskalation zu verhindern, nehmen rangniedere Makakenmännchen häufig einen Säugling mit, wenn sie sich einem überlegenen Männchen nähern. Auf diese Weise wird das überlegene Männchen daran gehindert, anzugreifen.[5] Solche Gesten nutzten den südamerikanischen Indios allerdings nichts. Sie beschenkten die Spanier bei ihrer Ankunft mit Gold und wurden dennoch vernichtet. hwn

Die Scientology-Sekte ist inzwischen bekannt für ihren zunächst heimlichen Versuch, Gesellschaften zu infiltrieren und in ausgesuchten Netzwerken zu unterwandern. Bevor eine kritische Gesellschaft sich zur Wehr setzen konnte, waren aber bereits tausende Individuen mit dem E-Meter |im Bild| zu Mitgliedern und Multiplikatoren domestiziert. Die Verschleierung eigener Stärken und heimliche Unterwanderung gegnerischer Strukturen gehören in die Reichweite des Handlungsmusters

Was der Volksmund als *Faust in der Tasche machen* oder *Faust ballen* bezeichnet, ist in der Regel kein strategischer, sondern ein selbstdisziplinierender Akt, die eigene Beherrschung nicht zu verlieren und seine Wut im Zaum zu halten. Häufig ist die Faust in der Tasche auch nicht mehr als eine Kompensationshandlung im Augenblick erlebter Ohnmacht, in dem das eigene Schicksal gerade nicht strategisch gestaltet werden kann, sondern fremden Zwängen ausgesetzt ist. Auf einer zweiten Bedeutungsebene rückt die Redensart in die Nähe einer anderen Volksweisheit, dass nämlich *Rache kalt genossen* werden soll. Die Faust steht hier metaphorisch für den Sieg der Vernunft über die Emotionen, weil sie den Gegenschlag nicht sofort ausführt, sondern einen besseren Zeitpunkt abwartet. Erst auf der dritten Bedeutungsebene entfaltet die Faust in der Tasche ihre strategische Leistung als Handlungsmuster, weil sie hier der hoch gereckten Faust als sichtbares Zeichen des Widerstandes entgegengesetzt ist und als List des verdeckten Angriffs interpretiert wird, ganz ähnlich dem chinesischen Strategem Nr. 10 *Hinter dem Lächeln den Dolch verbergen* |zit. n. Harro von Senger|. Die aktiv täuschende und einlullende Rolle des Lächelns übernimmt die Faust dabei nicht, sie will sich nicht einschmeicheln, sondern nur unerkannt aufrüsten. Das Handlungsmuster besteht in der inneren Mobilisierung von Abwehr- oder Angriffskräften, die für die Gegner nicht sichtbar sind, aber zu einem geplanten Zeitpunkt extrem schnell aktiviert werden können. Geheime Mobilmachung bietet gegenüber der sichtbaren zwei wesentliche Vorteile: die Terminhoheit und die Überraschung des Gegners. Das Risiko, zeitlich unter Druck gesetzt zu werden, ist ausgeschlossen, denn der Angriff kann zu einem selbst gewählten Zeitpunkt ausgeführt werden, auf den der Gegner sich nicht vorbereiten kann. Die sich formierende Faust in der Tasche steht metaphorisch für die geheime Aufstellung der Kräfte zu einem Überraschungsschlag. Ein berühmtes Beispiel ist die *Admiral Graf Spee* unter ihrem Kapitän Hans Langsdorff, die in Folge der geheimen Mobilmachung Hitlers gegen England ab September 1939 den offenen Handelskrieg begann und britische Handelsschiffe ohne Vorwarnung versenkte. Die *Altmark* war als Versorgungsschiff unabhängig von der Graf Spee und lange vorher im

POSITION	SICHERN	ENTWICKELN	VERMITTELN

POTENZIAL	SICHERN	ENTWICKELN	VERMITTELN

Südatlantik und versorgte die Kaperfahrt an gelegentlichen Treff-punkten. Erfolgskritisch für die Strategie sind erstens ihre Geheim-haltung |Tasche| und zweitens die Plötzlichkeit der Entladung |Faust|. Das Handlungsmuster will Positionen oder Potenziale dis-ruptiv und sprungfix entwickeln. ed

Mit dem Faustpfand auf 36 Prozent des Kapitals der Con-tinental AG, das die Schaeff-ler-Gruppe heimlich in Form von Call-Optionen auf Aktien bei Banken erworben hatte, gelang die dann ab Juli 2008 offen geführte feindliche Übernahme der Mehrheit der Aktien. Zwischen 1990 und 1993 hatte das italienische Unter-nehmen Pirelli vergeblich ver-sucht, Continental zu über-nehmen

Die hochgereckte Faust als Symbol des Widerstandes mit offenem Visier: black power-Demonstration bei der Sieger-ehrung der Olympiade 1968 in Mexiko

Joseph Saddler aka Grandma-
ster Flash: der first mover
des Hip Hop

Charles Lindbergh

NETSCAPE®

Wer etwas als erster oder früher als andere tut, gewinnt die Initiative sowie einen zeitlichen Vorsprung vor seinen Wettbewerbern und zwingt diese in die Nachahmung oder Reaktion. Er gewinnt zweitens das ewige und unwiederholbare Privileg, als erster so gehandelt zu haben und positioniert sich damit als Vorreiter.

In der militärischen Tradition gehören Erstschlag und Initiative zu den wichtigsten Dogmen des strategischen Handelns insgesamt. General Nathan Bedford Forrest hat diesen Imperativ im amerikanischen Bürgerkrieg wie folgt definiert: *Get there firstest with the mostest*. Aus miltärischer Sicht genügt es jedoch nicht, eine Initiative zu starten, sondern es kommt darauf an, sie zu verstetigen. *Retain the initiative* heißt es dazu auch heute noch im United States Army Field Manual.

Im Volksmund ist das Prinzip des first movers in den Sprichwörtern *früher Vogel fängt den Wurm* und *wer zuerst kommt, mahlt zuerst* eingefangen. Auch hier wird deutlich, dass die Kraft der Strategie nicht aus dem bloß einmaligen Praktizieren resultiert, sondern der Verstetigung bedarf. Der frühe Vogel gewinnt seinen Wettbewerbsvorteil gegenüber anderen nicht dadurch, dass er einmal früher kommt als die anderen, sondern jeden Tag.

Im Bereich der Evolution versteht man unter first mover die Ersterschließung von Nahrungsquellen durch eine Spezies, die sich durch diesen Akt einen langfristigen Wettbewerbsvorteil gegenüber anderen Spezies erarbeitet. Im Bereich der Unternehmens- und Marketing-Strategien wurde die first mover-Strategie von Al Ries und Jack Trout in ihrem Buch The 22 Immutable Laws of Marketing als wichtigstes Erfolgsprinzip des Angebotsmarketings beschrieben. Ries|Trout verweisen auf den ersten Atlantikflug durch Charles Lindbergh, an dessen Name sich jedermann erinnere, während niemand mehr wisse, wer den Atlantik als zweiter überflogen hat.

Bei der Neuplatzierung von Produktangeboten erobert der first mover in der Regel einen nachhaltigen Sitzplatz im Gehirn der Verbraucher und damit einen langfristigen Positionierungsvorteil. Allerdings zeigt die Wirtschaftsgeschichte, dass es häufig auch die second oder third mover waren, die Marktführerschaft in einem Segment erobern und behaupten konnten, weil sie von den Fehlern

POSITION	SICHERN	ENTWICKELN	VERMITTELN

POTENZIAL	SICHERN	**ENTWICKELN**	VERMITTELN

der first mover profitiert oder den Markt durch die Aktivitäten des first movers besser einzuschätzen gelernt hatten. Nicht die erste börsennotierte Suchmaschine Netscape ist heutiger Marktstandard, sondern Google, ein Nachzügler der dritten Generation. Ein Gegenbeispiel ist Red Bull, der erste Energydrink und bis heute der marktbestimmende.

Das strategische Handlungsmuster first mover zielt also nicht allein darauf, etwas früher als andere zu tun, sondern auch abweichend von bisher bekannten Handlungsmustern. Abweichung birgt immer sowohl Risiken wie auch Chancen. Wer als erster eine unbequeme Wahrheit ausspricht, macht sich kurzfristig unbeliebt, aber wird langfristig erinnert. Wer in seiner first mover Abweichung zu früh und zu stark war wie Vincent van Gogh, wird zu Lebzeiten verkannt und posthum als Genie verehrt. Als erster die Initiative zu ergreifen und von allgemein erwartbaren Verhaltensmustern abzuweichen, erfordert Mut und vor allem Unabhängigkeit vom Urteil anderer. Das strategische Kalkül dieses Handlungsmusters nimmt kurzfristige Nachteile in Kauf, um langfristige Vorteile zu gewinnen. Spott und Ruhm sind die beiden häufigsten Erträge der first mover-Strategie. zi

Landminen als first mover advantage

Der Tunnelblick macht noch keine Strategie, gilt jedoch als Tugend höchster Konzentrationsfähigkeit wie hier bei Oliver Kahn

Das Unternehmen Flexi fokussiert ausschließlich auf Roll-Hundeleinen und ist damit unangefochtener Weltmarktführer

Michael Porter hat drei strategische Stoßrichtungen[1] für die Gewinnung und Behauptung von Wettbewerbsvorteilen bei Unternehmen definiert: Kostenführerschaft, Differenzierung oder Fokus. Er versteht Fokus als Konzentration auf eine begrenzte Anzahl von Produkten, Marktsegmenten oder Territorien. Ein fokussiertes Geschäft bildet das Gegenmodell zur DIVERSIFIKATION und überschneidet sich mit dem Konzept der NISCHE. Hermann Simon hat nachgewiesen[2], dass viele unbekannte Weltmarktführer sich seit vielen Jahren in Nischen behaupten, weil sie sich auf nur wenige Produkte spezialisiert und fokussiert haben. Diversifizierte Unternehmen, die in verschiedenen Branchen gleichzeitig operieren, werden gegenüber auf nur eine Branche fokussierten Unternehmen an den Kapitalmärkten nach wie vor mit einem Malus bestraft. Unabhängig von der Größe und der Schärfe eines gesetzten Fokus bestimmen Art und Konsequenz der freiwilligen Beschränkung, Konzentration und SELBSTFESSELUNG über die Erfolgswahrscheinlichkeit des Handlungsmusters. Die Art liegt in der Wahl eines erfolgversprechenden Konzentrationskorridors, der an den Seiten zwangsläufig begrenzt, aber nach vorne möglichst offen und weit sein sollte. Warren Buffett, der wohl nachhaltig erfolgreichste Finanzinvestor der letzten 40 Jahre, hat dies einst als *snowball strategy* bezeichnet: Man müsse sich darauf konzentrieren, besonders nassen Schnee und besonders lange Hügel zu suchen, damit der Schneeball auch lange auslaufen und fett werden kann.[3] Ein Fokus ist schlecht investiert, wenn der Konzentrationskorridor zu kurz bemessen ist, nicht tief genug greifen kann oder in die falsche Richtung führt. Fokus braucht dementsprechend Tiefe, Weite und Stoßrichtung, um Wettbewerbsvorteile langfristig behaupten zu können.

Die Beharrlichkeit der Konzentration in einem gewählten Korridor ist ebenfalls erfolgskritisch, jedoch keine Strategie, sondern eine Tugend. Der Volksmund spricht vom *Tunnelblick*, wenn Akteure sich mit jeder Faser auf ein Ziel ausrichten und alles andere ausblenden. Protagonist oder gar Ikone einer solcher Haltung ist in Deutschland Oliver Kahn, der *mit aller Kraft Weltmeister* werden wollte und *damals mit dieser unglaublichen Fokussierung im Tunnel gelebt* hat |SZ 5.12.2006|. Die Metapher vom Tunnel verkennt aber das Wesen des

[1] vgl. Michael Porter: Competetive Advantage. New York 1985
[2] vgl. Hermann Simon: Hidden Champions des 21. Jahrhunderts. Die Erfolgsstrategien unbekannter Weltmarktführer. Frankfurt/New York 2007
[3] siehe Alice Schroeder: The Snowball. Warren Buffett and the Business of Life. New York 2008. Schroeder schildert in ihrer autorisierten Biografie auch den ausschließlichen Fokus von Warren Buffett auf das Geschäft: *He ruled out paying attention to almost anything but business*

strategischen Handlungsmusters, weil man seine Wettbewerber im Tunnel nicht mehr beobachten kann. In einem strategischen Kontext darf die Selbstfesselung eigener Aktivitäten natürlich nicht so weit gehen, dass man seine Umgebung nicht mehr wahrnimmt. Im Unterschied zu Odysseus ist die Selbstfesselung beim Fokus gerade nicht auf die Sinne und die Wahrnehmung bezogen, sondern auf Aktivitäten und den Einsatz von Ressourcen. Das Handlungsmuster wird ubiquitär und universal angewendet, es entwickelt eigene Positionen langsam, aber stetig, und sichert Potenziale entlang des gewählten Korridors. zi

Der Warren Buffett-Fokus:
nasser Schnee und lange Hügel

STRATEGIC ADVANTAGE

	Uniqueness perceived by the customer	Low cost position
Industry wide	**DIFFERENTIATION**	**OVERALL COST LEADERSHIP**
Particular Segment Only	**FOCUS**	

STRATEGIC TARGET

Modell alternativer Wettbewerbsstrategien nach Michael Porter

Beim drohenden Staatsbankrott Griechenlands wurde zunächst immateriell gefördert, indem man Zusammenhalt demonstrierte und Hilfe für den Fall versprach, dass die Staatsfinanzen zusammenbrechen. Allein dies verschaffte Griechenland wieder Atemluft an Kreditwürdigkeit. Im Vordergrund stand jedoch stets die Forderung, dass Griechenland den eigenen Staatshaushalt ohne Fördermittel aus Europa saniert

Symbolische Förderung gegen materielle Forderungen in der Kriegswirtschaft. Anstecknadeln und Urkunden sind zu allen Zeiten ein beliebtes Förderinstrument beim Eintausch echter Leistungen gegen symbolische Anerkennung auf billigem Blech

Die Dialektik des Förderns und Forderns bildet ein universelles Handlungsmuster, um Investitionen in die Zielerreichung eines Geforderten umzuverteilen von denjenigen, die fordern, auf diejenigen, von denen gefordert wird. Die Grundidee des Handlungsmusters will also andere für eigene Forderungen arbeiten lassen und diesen Prozess mit einer Förderung in Gang setzen und aufrecht erhalten. Die Kalkulation zielt dabei stets auf das Kosten|Nutzen Verhältnis und will eigene Investitionen möglichst gering halten, fremde Investitionen möglichst hoch einwerben. Insofern ist es kein Wunder, dass die Förderkomponenten des Handlungsmusters häufig immateriell ausgestaltet werden, während die aus erfüllten Forderungen gewährten Vorteile in der Regel auch monetär messbar sind. Der *Goldfischteich* als Zuchtlabor talentierter Nachwuchsführungskräfte in den Unternehmen ist ein Beispiel für geringen input und hohen output, weil die Motivations- und Loyalitätskräfte der Kandidaten schon durch die bloße Zugehörigkeit zu diesem Kreis geweckt und vitalisiert werden. Der strategische Hebel des Handlungsmusters besteht darin, reale Forderungen mit symbolischer Förderung zu erfüllen.

Ein perfektes Beispiel für das Scheitern dieser Strategie bildet das *Vierte Gesetz für moderne Dienstleistungen am Arbeitsmarkt* vom 24.12.2003, besser bekannt unter dem Namen Hartz IV, das in Kapitel 1, § 1: Fördern und Fordern, mit folgenden Worten beginnt: *Die Grundsicherung für Arbeitssuchende soll die Eigenverantwortung von erwerbsfähigen Hilfebedürftigen [...] stärken und dazu beitragen, dass sie ihren Lebensunterhalt unabhängig von der Grundsicherung aus eigenen Mitteln und Kräften bestreiten können*. Die Förderkomponenten des Gesetzes wurden in der öffentlichen Wahrnehmung jedoch von der Wucht der Forderungen sofort überlagert, deren behauptete Ungerechtigkeit bis heute die Debatten prägt. Die Gründe für das Scheitern sind im Missverhältnis zwischen Einsatz und Erwartung zu suchen. Für das von Schröder anvisierte Ausmaß an Entlastung des Staatshaushaltes durch Umverteilung in Verzicht der Arbeitslosen wäre ein weitaus höherer symbolischer Aufwand erforderlich gewesen.

POSITION	SICHERN	ENTWICKELN	VERMITTELN

POTENZIAL	SICHERN	ENTWICKELN	VERMITTELN

Die erfolgskritische Disziplin für die Anwendung des Handlungsmusters ist dementsprechend auch die Psychologie, die das Zusammenwirken von Fördern und Fordern insbesondere in der
Entwicklungspsychologie erforscht hat. Die Kunst besteht darin,
einschätzen zu können, wie ein geplanter Förderimpuls psychologisch wirkt und welche Motivation er freisetzt im Verhältnis zu den
Abwehrkräften und Barrieren, die gegenüber der Forderung mobili-
siert werden. Der russische Psychologe und Soziologe Lew Semjo-
nowitch Wygotski konnte nachweisen, dass die Risiken einer Über-
forderung oder Unterförderung gegen Null tendieren, wenn nicht
mit STRETCH GOAL-Forderungen gearbeitet wird, sondern jeweils
nur nächstmögliche Forderungsschritte sukzessive eingeführt werden. Für Wygotski ist die Strategie immer dann erfolgreich, wenn
sie sich iterativ auf die sogenannte *zone of proximal development*
konzentriert. Die Kritiker der Afghanistan-Strategie des Westens
bemängeln seit Jahren, dass die Erwartungen der Politik weit über
nächstliegende Entwicklungsschritte Afghanistans hinausragen
und nicht bloß einen funktionierenden Staat, sondern einen nach
westlichem Vorbild |mit Demokratie, Menschenrechten| fordern,
während sie in ihrer Förderpolitik noch nicht mal auf dem Niveau
einer selbsttragenden Sicherheit angekommen sind. In der europäischen Integrationspolitik wurde hingegen der Spracherwerb von
Migranten klar als Zone nächstmöglicher Entwicklung ausgemacht
und auch gefördert, während die Forderungen nach Anpassung an
den westlichen Lebensstil sukzessive reduziert wurden. Das Handlungsmuster kann auch als Spielstrategie interpretiert werden, bei
der ein Spieler unterschiedliche Pakete aus materiellen und immateriellen Förderanreizen anbietet, um herauszufinden, mit wel-
chem Paket er den maximalen *payoff* aus Forderungen bezieht. zi

Der Aspekt des Förderns kam
in der öffentlichen Wahrnehmung der Hartz IV-Gesetzgebung
nicht durch. Nur das Fordern
blieb hängen

Der Wettbewerb *Jugend forscht*
fördert mit Kontakten und
gesellschaftlicher Anerkennung
und fordert wissenschaftliche
Neugier und Innovationen zum
Nutzen des Forschungsstandor-
tes Deutschland ein

Das Ei als perfekte Form und Vorbild des Käfers, hier in der Schwundstufe als Cabriolet

Auch der Rhythmus folgt der Funktion. Fließbandproduktion bei Ford ·1928·

Form follows function ist die Strategie maximaler Ökonomie oder, wie Theodor Adorno kritisierte, des *erbarmungslos Praktischen*.[1] Der bekannte Satz stammt von Louis Sullivan[2] und wird in der oberflächlichen Rezeptionsgeschichte von Architektur und Design bis heute immer wieder als programmatische Formel für funktionalistische Gestaltung im Geiste der *Chicago School* oder des *Bauhaus* verstanden. Wenn jedoch die Form der Funktion folgen soll, muss auch die bessere Funktion die schönere Form vernichten dürfen, was weder in der allgemeinen ästhetischen Theorie noch in Architektur- und Designtheorie akzeptabel wäre. Formen können keine reinen Ableitungen von Funktionen sein, sondern stehen stets in einem dialektischen Verhältnis zum Inhalt. Das Handlungsmuster bezeichnet also nicht etwa eine benutzerfreundliche Gestaltungsphilosophie, sondern eine rationalistische, auf Einsparung alles Überflüssigen gerichtete Produktionsstrategie.

In der Wissenschaft ist diese Sparsamkeitsstrategie als Ockhams Rasiermesser bekannt, das bei der Konstruktion von Theoriegebäuden alles wegschneiden soll, was nicht unbedingt zur Erklärung eines Phänomens erforderlich ist. Die Strategie, immer mit der einfacheren von zwei möglichen Theorien weiterzuarbeiten, hat sich als erfolgreiches Prinzip der Forschungsökonomie erwiesen, weil gezeigt werden konnte, dass die Anwendung von Ockhams Prinzip immer auf die wahre Theorie konvergiert. In der Wirtschaft entspricht FORM FOLLOWS FUNCTION der Rationalisierungsstrategie des Kapitalismus, der, wie schon Karl Marx beobachtete, Produktionsprozesse ohne Rücksicht auf die Form der Arbeit auseinanderreißt und auch die Ware selbst aus der Form ihres Gebrauchswertes herauslöst und sie in die Funktion ihres Tauschwertes hineinzwingt. Die Kritik am rücksichtslosen Diktat eines auf die Spitze getriebenen Funktionalismus reibt sich dann später an Henry Fords Fließbandproduktion, in der die Zeitgenossen von Louis Sullivan jene Form erkannten, die sich ihrer Funktion vollkommen untergeordnet hat. Die geistige Nähe zu dem bekannten machiavellistischen Axiom *der Zweck heiligt die Mittel* ist in diesem ökonomischen Utilitarismus unverkennbar und kristallisiert das totalitäre Moment an diesem Handlungsmuster heraus. Es ist die Fokussierung auf eine höchste

[1] In seinem Vortrag *Funktionalismus heute* am 23.10.1965 auf einer Tagung des Deutschen Werkbundes
[2] siehe dessen Essay von 1896: The Tall Office Building Artistically Considered

Priorität, im Falle Machiavellis des Machterhalts eines Fürsten, die das Ausblenden aller anderen Prioritäten nach sich zieht, und damit nur ein Zweck, eine Funktion, der alle Mittel und Formen gehorchen und dienen müssen.

Den Status einer echten Strategie im Sinne einer Kalkulation von Handlungen, die auf ein Ziel gerichtet sind, einen bestimmten Zeitverlauf anstreben, auf Ressourcen angewiesen sind und von Umweltbedingungen beeinflusst werden, kann man Machiavellis Diktum nicht einräumen, denn die beiden Einflussgrößen Ressourcen und Umwelt werden hier von vornherein nicht mitkalkuliert, sondern ergeben sich automatisch aus den beiden anderen Einflussgrößen Ziel und Zeit. Strategisch ist das Handlungsmuster nur als radikaler Funktionalismus zu verstehen, der mit Ockhams Rasiermesser so viel Zeit, Ressourcen und Umwelteinflüsse wie möglich eliminiert, um ein Ziel zu erreichen. In diesem Verzicht auf Überflüssiges schneidet sich das Strategem mit simplicity und ASKESE. zi

Der 1907 gegründete Deutsche Werkbund formulierte wie in Österreich Adolf Loos einen moralisch fundierten Qualitätsbegriff, der die gute Form als Einheit von Nutzen, Ästhetik und Ethik definiert. Form ist hier Veredelung von Arbeit, ein Verständnis, das im Maschinenzeitalter nach den 1920er Jahren allmählich ausstirbt. In seinem Buch Theory and Design in the First Machine Age von 1960 beschreibt der amerikanische Architekt Reyner Banham dann die nackte Rationalität maschineller Prozesse als denkbar perfekteste Form

Am 14. Februar 2008 wird der Vorstandsvorsitzende der Deutschen Post, Klaus Zumwinkel, öffentlichkeitswirksam verhaftet und wegen Steuerhinterziehung angeklagt. Die Statuierung dieses Exempels sollte vor allem Furcht wecken und andere Steuerhinterzieher zur Selbstanzeige bewegen

Im überlieferten Teil der *Poetik* von Aristoteles werden *eleos* |Jammer| und *phobos* |Schauder| als dramatische Kräfte eingeführt. Sie sorgen für eine mitfühlende und mitleidende Teilhabe des Publikums am tragischen Schicksal des Helden und sind tiefenpädagogisch wirksam, weil das Mitempfinden vor der Gefahr einer Nachahmung solchen Schicksals schützt und reinigt |Katharsis|. Das Drama als Gattung der moralischen Erziehung des Volkes erlebte dann im Rahmen der europäischen Aufklärung einen weiteren Höhepunkt, Gotthold Ephraim Lessing präzisierte Aristoteles mit der Formulierung von *Furcht und Mitleid* als die zu erregenden Gemütszustände. Die dramaturgische, psychologische, pädagogische oder rhetorische Wirkung dieser Vermittlungsstrategie antiker Prägung ist jedoch seit langer Zeit nicht mehr gegeben. Bereits 1843 schreibt Sören Kierkegaard in seinem Werk Entweder-Oder: *Der Zuschauer, d. h. das Kind dieser Zeit, hat das Mit-Leiden verlernt*. Kierkegaard meinte, dass der aus seiner Sicht moderne Mensch des 19. Jahrhunderts bereits so abgestumpft sei, dass er nicht mehr nur Mit*leid*, sondern Mit*schmerz* benötige, um falsches Handeln zu durchschauen und für sich selbst zu verneinen. 150 Jahre später spielen Theater und Literatur für die moralische Erziehung des Volkes gar keine Rolle mehr, Filme haben ein happy ending und die Zuschauer identifizieren sich lieber mit den Helden, anstatt von ihrem Scheitern zu lernen. Das Handlungsmuster tritt jetzt aus der Welt der darstellenden Künste in die Wirklichkeit, weil nur das vermeintlich Authentische noch echten Schrecken und Schmerz auslöst.

Die Mechanik des Handlungsmusters verändert sich hierdurch nicht, denn nach wie vor geht es darum, bestimmte Denk- und Verhaltensweisen möglichst vieler Menschen zu verändern, indem man das Schicksal eines Einzelnen vorstellt, der mit eben diesen Denk- und Verhaltensweisen scheitert. Um eine edukative Wirkung zu erzielen, muss es jetzt allerdings erstens ein echter, nicht fiktiver Mensch sein, der dem Publikum zweitens bekannt und eingeführt ist, sowie drittens Identifikationsfläche bietet. Beginnend mit einer Reportage des Magazins Stern wird so Christiane F. im Jahre 1978 zu einer öffentlichen Figur der Drogenprävention, weil erstmals eine Drogenkarriere mit Sucht und Kinderstrich schaudernd mit-

POSITION	SICHERN	ENTWICKELN	**VERMITTELN**

POTENZIAL	SICHERN	ENTWICKELN	VERMITTELN

empfunden werden kann. Wir Kinder vom Bahnhof Zoo erfüllt die Bedingungen einer modernen Tragödie, weil Christiane F. einerseits als unschuldig, weil minderjährig, andererseits als schuldig, weil willensschwach angesehen werden kann und am Ende ihrer Geschichte mit einer Entziehungskur beginnt. Im Unterschied zu den erhobenen Zeigefingern und bloßen Warnungen vor den Gefahren von Drogen hat Christiane F. Millionen junger Mädchen ihrer Generation so tatsächlich vor Drogenkonsum bewahrt und moralisch gereinigt.

Christiane F. als Ikone der Drogenprävention, hier das Filmplakat

Furcht und Mitleid vor dem Schicksal von Steuerhinterziehern sollte die von der Staatsanwaltschaft Bochum veranlasste Verhaftung des damaligen Vorstandsvorsitzenden der Deutschen Post AG, Klaus Zumwinkel, auslösen. Die Medien wurden vorab von der geplanten Hausdurchsuchung und Verhaftung informiert, die Reporter standen ab sechs Uhr morgens vor der Tür. Im Angesicht der Erfahrung, wie tief man als angesehenes Mitglied der Deutschland AG fallen kann, deklarierten jetzt viele Steuersünder ihre Auslandsvermögen und griffen zur Selbstanzeige. Auch das am 27. April 2010 erfolgte öffentliche Grillen des Goldman Sachs Chefs Lloyd Blankfein im Ausschuss des US-Senats diente dem Staat zur Statuierung eines Exempels gegenüber der Szene moralisch entfesselter Investmentbanker, die aber offenbar unempfindlich für das Leid anderer waren und auch ihren, mit den Worten des Ausschussvorsitzenden Carl Levin, *betrügerischen* Geschäften weiterhin furchtlos nachgingen. Das Handlungsmuster vereinigt Elemente der POLARISIERUNG und ABSCHRECKUNG und dient der *ex negativo* Vermittlung von Positionen. zi

Lloyd Blankfein |rechts|, als Chef der Investmentbank Goldman Sachs amtierender Prototyp des verantwortungslosen Casino-Bankers, steht ab Februar 2010 unter Beobachtung der SEC und wird am 27. April in einer Anhörung des US-Senats öffentlich gegrillt

Ernesto Guevara de la Serna, genannt Che Guevara, Volksheld und Symbolfigur des kubanischen Guerillakampfs

Geladene Waffe im Anschlag: junges Mädchen im Bürgerkrieg in El Salvador 1992

Carlos Marighella, Gründer der brasilianischen Stadtguerillagruppe ALN |Ação Libertadora Nacional|, gilt als Vorreiter und Theoretiker der Stadtguerilla. Sein international erschienenes Handbuch Minimanual of the Urban Guerilla ist als eine Art taktische Gebrauchsanweisung für Stadt-Guerilleros in aller Welt abgefasst

Guerilla ist ursprünglich ein strategischer Begriff aus der Militärtheorie und bezeichnet eine besondere Form des militärischen Untergrundkampfes. Vor dem Hintergrund des spanischen Unabhängigkeitskrieges ·1807 bis 1814· gegen die französische Fremdherrschaft unter Napoleon bezeichnete Carl von Clausewitz diese Kampfform als Kleinen Krieg und als geeignetste Form der Kriegsführung, um einen Volkskrieg gegen Besatzungsmächte oder gegen die eigene Regierung zu führen. Zu den Strategien der Guerilla zählt insbesondere die subversive Kriegsführung, wie z. B. Entführungen und Terrorakte. Die Kampfweise der Guerilla wird mit Blick auf die Genfer Konventionen als unkonventionell und asymmetrisch bezeichnet. Zur Guerillataktik gehören kleine militärische Operationen, die den Gegner nicht vernichten, sondern zermürben sollen. Guerilla-Truppen legen mit schnellen Überraschungsangriffen in mehreren kleinen Gebieten etliche Brandherde mit dem Ziel, große Verteidigungslinien des Gegners zu verhindern.

Beim Guerillakampf handelt es sich um eine Waffe der Schwachen gegen einen militärisch überlegenen Gegner. Voraussetzung für einen Guerillakampf ist daher die Unterstützung durch die Zivilbevölkerung und die fehlende Hoffnung, politische und soziale Forderungen mit rechtlichen Mitteln erreichen zu können, wie z. B. in einer Diktatur. Ohne die zivile Unterstützung ist die Guerilla zum Scheitern verurteilt. Das unterscheidet sie auch vom Terrorismus, der auch ohne Unterstützung der Bevölkerung auskommt. Entscheidendes Kennzeichen der Guerilla ist ihre hohe Mobilität und Flexibilität, oft kombiniert mit dem Fehlen der Identifizierbarkeit. Bedeutung erlangte der Begriff Guerilla insbesondere im 20. Jahrhundert als Bezeichnung sozialer Befreiungskriege in unterentwickelten Ländern. Berühmtes Beispiel ist die kubanische Revolution in den 1950er Jahren mit ihren Schlüsselfiguren und Anführern Che Guevara und Fidel Castro. Aktuelles Beispiel ist die Widerstandsbewegung im Irak gehen die amerikanische Besatzung. Die unkonventionelle Guerilla-Kriegsführung stellt konventionelle Armeen vor Probleme, die es bei zwischenstaatlichen Kriegen nicht gibt. Unter dem Vorwand, Guerilla nach Guerillaart zu bekämpfen, entziehen auch sie sich dem Kriegsrecht und greifen zur Demoralisierung der

POSITION	SICHERN	ENTWICKELN	VERMITTELN

POTENZIAL	SICHERN	ENTWICKELN	VERMITTELN

Guerillatruppen die Zivilbevölkerung an. Beispiele hierfür sind unter anderem die Französische Doktrin im Algerienkrieg und der Vietnamkrieg.

Guerilla-Strategien finden mittlerweile auch außerhalb der Kriegsführung ihren Einsatz. Im Marketing werden Guerilla-Maßnahmen häufig von Newcomern eingesetzt, die über geringe Werbebudgets verfügen und den öffentlichen Raum mit *branded streetart* in kostenlosen Media-Raum verwandeln. Der Begriff Guerilla-Marketing wurde Mitte der 1980er Jahre von Jay C. Levinson |The Guerilla Marketing Handbook| in den USA geprägt. Als Ergänzung zu allgemeinen Marketing-Aktivitäten wird es z. B. bei Produkteinführungen oder bei der Ansprache von jungen Zielgruppen eingesetzt.

Guerilla gardening im urbanen Raum

Guerilla gardening, die heimliche Aussaat von Pflanzen im öffentlichen Raum, ist eine weitere Ausdrucksform des zivilen Ungehorsams, in der die Methoden der Guerilla als Umfunktionieren von Strukturen und Ressourcen des Gegners oder Dritter zum Einsatz kommt. Mittlerweile hat sich Guerilla gardening zum urbanen Gärtnern weiterentwickelt. Wie Guerilleros vermeiden Guerilla Gärtner die offene Konfrontation und machen ihrem Unmut bevorzugt durch heimliche Aktionen wie Überraschungspflanzungen Luft.

Guerilla-Werbung: provokante Form der Auftragsbeschaffung

Das gemeinsame strategische Moment der Guerilla umfasst fünf Kernmerkmale: Gegnerische Ressourcen werden umfunktioniert, öffentlicher Raum wird Kriegs- oder Werberaum. Es werden dezentrale Methoden gegen den Top down Zentralismus des Gegners eingesetzt. Guerilla aktiviert die Sympathien ihrer Zielgruppen. Sie zermürbt den Gegner mit vielen Nadelstichen und verhindert die Rückverfolgbarkeit von Taten zu ihren Urhebern. ta

Vom Saulus zum Paulus. So beschreibt der Volksmund häufig die metaphorische Häutung – und die dabei unterstellte Bekehrung zum Guten. Laut Überlieferung des <u>Neuen Testaments</u> konvertierte der radikale jüdische Christenverfolger nach einer mystischen Begegnung mit dem wiederauferstandenen Jesus zum Apostel des christlichen Glaubens

Öffentliche Häutung: Nach skandalösen Enthüllungen über sein Privatleben kündigte der US-Golfprofi Tiger Woods an, *ein besserer Ehemann, Vater und Mensch* werden zu wollen

¹ vgl. whoswho.de
² vgl. Markus Balser: Siemens-Chef Löscher baut um. Sueddeutsche.de
³ vgl. wikipedia.de

Als physiologisches Phänomen ist Häutung | Ecdysis | im Tierreich zu beobachten: Reptilien, aber auch zahlreiche Insekten, häuten sich in regelmäßigen Abständen. Sie streifen die alte Haut ab und zum Vorschein kommt eine neue Hülle. Charakteristisch ist, dass Lebewesen im Moment der Häutung besonders verletzlich sind. Danach können sie sich jedoch mit neuer Kraft im Überlebenskampf behaupten und so den Fortbestand der eigenen Art sichern.

Häutung als Handlungsstrategie hat ähnliche Ziele und folgt vergleichbaren Mustern. In ihrer radikalsten Form betreibt sie Anpassung um den Preis einer Aufgabe der bisherigen Identität. Wer sich im übertragenen Sinne häutet, will sich alter Wahrnehmungsschablonen entledigen und ein neues Image aufbauen, z. B. indem er einen Verhaltensmusterwechsel um 180 Grad vollzieht. Häufig geschieht eine solche METAMORPHOSE auf äußeren Druck hin. Menschen oder Unternehmen, die in den Augen der Öffentlichkeit Verfehlungen begangen haben, signalisieren ihrer Umwelt mit der Häutung die Bereitschaft zu einem radikalen Neuanfang und erhoffen sich davon eine für sie vorteilhaftere Situation. Das alte Ich lässt man zurück und nimmt stattdessen die sozial gewünschte Gestalt an.

Wie im Tierreich macht auch die strategische Häutung vorübergehend besonders angreifbar. Mängel zu offenbaren, die Notwendigkeit, eine Erneuerung zu bekennen und die Öffentlichkeit womöglich an diesem Prozess teilhaben zu lassen, schwächt naturgemäß die eigenen Position. Gleichzeit liegt genau darin ein strategischer Wesenszug der Häutung, denn öffentlich vorgetragene Demutsgesten sind ein zentrales Moment dieses Handlungsmusters. Durch sie nötigt man seiner Umgebung Respekt für den drastischen und nicht selten schmerzhaften Schritt der Häutung ab, die einer Katharsis gleichkommt. Im besten Fall gewinnt man auf diese Weise Akzeptanz und neue Handlungsspielräume zurück, woraus am Ende neue Stärke erwachsen kann.

Ein prominentes Beispiel für die Anwendung dieser Strategie lieferte der Politiker und Publizist Michel Friedman, der 2003 nach einer Drogen- und Prostitutionsaffäre öffentlich Abbitte leistete und von allen gewählten Ämtern zurücktrat. Ein Jahr später kehrte er, in-

POSITION	SICHERN	ENTWICKELN	VERMITTELN

POTENZIAL	SICHERN	**ENTWICKELN**	**VERMITTELN**

zwischen mit der Moderatorin Bärbel Schäfer verheiratet, als Talk-master auf den Bildschirm zurück.[1] Auf die Strategie der Häutung setzte auch Siemens-Chef Peter Löscher, als er bei seinem Amtsantritt 2007 mit der Ankündigung eines radikalen Konzernumbaus den Neuanfang für das von einer Korruptionsaffäre gebeutelte Unternehmen markierte und so öffentlichkeitswirksam Läuterung demonstrierte.[2]

In eine neue Haut zu schlüpfen, dient in Fällen wie diesen vor allem der Wiederherstellung von Reputation. Die Strategie der metaphorischen Häutung kommt aber auch dort zum Einsatz, wo Gefolgschaft organisiert oder schlichtweg kommerzielle Erfolge durch eine verändertes Image abgesichert werden sollen. Das kann die politische Partei sein, die mit neuen Köpfen und Programmen um verlorene Wählergunst ringt. Prominentes Beispiel hierfür sind die aktuellen Bemühungen der SPD, sich nach der dramatischen Wahl-niederlage 2009 als Volkspartei zu erneuern. Oder der Künstler, der sich im Laufe seiner Karriere immer wieder neu erfindet, um ein neues Publikum zu erobern.

Die Zigarettenmarke Marlboro erlebte ihren Durchbruch erst nach einem kompletten Identitätswechsel. In den 1920er und 1930er Jahren zunächst erfolglos als Frauenzigarette beworben | Mild as May |, verpasste der Tabakkonzern Philip Morris dem Produkt ab den 1950er Jahren mit Hilfe des berühmten Marlboro Cowboys ein konsequent männliches Image. Die Idee der Werbeagentur Leo Burnett machte Marlboro innerhalb kürzester Zeit zur bis heute weltweit meist verkauften Zigarettenmarke. nk

Hart statt zart: Erst eine radikale Kehrtwende in der Werbestrategie verhalf der Zigarettenmarke Marlboro zum kommerziellen Erfolg

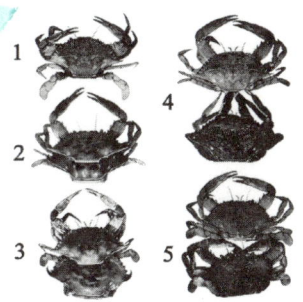

Altes abstreifen, um neue Kraft zu entfalten – Häutung gilt nicht nur im Tierreich als Überlebensstrategie

Institutionalisierung der
Sozialen Marktwirtschaft als
politisches Dogma in Deutschland durch Ludwig Erhard

Die Chancengleichheit für
Frauen und benachteiligte
Ethnien wurde in Deutschland
durch die Institutionalisierung von Gleichstellungs-
beauftragten bei allen Arbeitgebern der öffentlichen Hand
erreicht

Institutionalisierung verfolgt das Ziel, bestimmte Zustände und Verhaltensweisen in Gesellschaften und Gemeinschaften herzustellen und somit rechtliche oder ideologische Positionen zu sichern. Institutionen dienen der Verstetigung des Wollens jener, die sie geschaffen haben. In der Loslösung des Wollenden von der Durchsetzung seines Willens und gleichzeitigen Übertragung dieser Aufgabe an ein Amt mit wechselnden Personen liegt das strategische Moment dieses Handlungsmusters. Der Wille einzelner Menschen ist aufgehoben und objektiviert in einer selbstlaufenden Institution, die die Durchsetzung dieses Willens betreibt, ohne weitere Aufmerksamkeit oder Energie von ihren Schöpfern zu fordern, wohl aber Ressourcen. Beim Austragen und Beilegen von Konflikten wird das Handlungsmuster in Alltag, Wirtschaft und Politik exzessiv angewendet, sei es durch Untersuchungs- und Vermittlungsausschüsse, supranationale Organisationen wie die UN, die Bestellung von Schlichtern bei Tarifstreitigkeiten oder Schiedsrichtern beim Sport. In all diesen Fällen werden gegebene oder erwartbare Konflikte an eine Instanz zur Regelung übertragen. Ralf Dahrendorf hat das die *Institutionalisierung von Konflikten*[1] genannt und gewürdigt. Die strategische Leistung besteht hier in der Kanalisierung von Kräften, die sich nicht neutralisieren lassen.

Institutionalisierung als Strategie der Verankerung ideologischer Positionen lässt sich anhand der Etablierung rassistischen Denkens in Deutschland studieren. Die erste kriminalbiologische Datensammelstelle entsteht 1923, ebenso die erste Universitätsprofessur für Rassenhygiene. 1924 folgt das Institut für Genealogie und Demographie, 1927 das Kaiser Wilhelm Institut für Anthropologie, menschliche Erblehre und Eugenik. Die Nazis erweitern dieses Repertoire dann um eine erbbiologische Bestandsaufnahme der Bevölkerung und die Pflicht zum Nachweis der Ehetauglichkeit durch staatliche Institutionen. Die Erstarrung des latenten Antisemitismus zu einer manifesten sozialen Norm ist dabei das Ziel. In allen gesellschaftlichen und gruppendynamischen Prozessen sorgt Institutionalisierung für die Verselbstständigung von Willensdurchsetzung. Die Gleichberechtigung der Frauen im Beruf wurde durch die Institutionalisierung der *Gleichstellungsbeauftragten* bei Arbeitgebern der

[1] In: Pfade aus Utopia. München 1974
[2] Victor Turner: The Ritual Process. Structure and Antistructure. New York 1969

öffentlichen Hand, durch eine Quote in der Politik und durch Lehrstühle für Genderforschung bewerkstelligt, als erkennbar wurde, dass gesellschaftliche Gruppendynamik allein keine Verbesserung bringt. Die Umweltbewegung in Deutschland manifestierte ihr Wollen in der Institutionalisierung als Partei *Die Grünen*, aber auch einzelne Menschen nutzen das Handlungsmuster häufig, bspw. beim Kauf eines Theater-Abonnements, das den Theaterinteressierten systematisch *entlastet* und die Durchsetzung seines Interesses verselbstständigt, sowie bei der Installierung von Jours fixes mit Freunden und Freundinnen zu Sport und Spiel mit dem erfreulichen Zusatzeffekt, dass man nicht jedes Mal eine neue Erklärung benötigt, wenn man etwas Bestimmtes tun will. Die pure Faktizität des Datums hat hier objektive Gestalt und institutionelle Durchsetzungskraft.

Ritualisierung hat stets eine stabilisierende Wirkung und greift besonders bei der Überwindung unsicherer Zeiten, wie Victor Turner in seiner symbolischen Anthropologie ausgeführt hat.[2] Rituale objektivieren den sozialen Ordnungsrahmen und helfen Gemeinschaften, Identität zu formieren.

Der Wunsch, zu einer sozialen Norm zu werden, artikuliert sich auch in der angestrebten Institutionalisierung von Produkten zu Marken. Das Waschmittel Persil z. B. bemüht sich seit Jahrzehnten mit Erfolg, zu einem festen Teil der sozialen Wirklichkeit der Verbraucher zu werden, zur Institution des reinen Weiß schlechthin. Marken wollen den Kauf ihrer Produkte habituell verankern und Wertschöpfung verstetigen, sie wollen Institutionen im Gehirn ihrer Kunden sein und verfestigen letztlich ein vages und schwankendes Produktversprechen zu einer gleichbleibenden und kalkulierbaren Markenleistung. Institutionalisierung ist dementsprechend auch die Strategie der Pseudo Objektivierung eigener Interessen. zi

Pseudo-Objektivierung durch Piktogramme, hier als Kritik an den Repressionen der chinesischen Regierung

Kritik an der Quasi-Institutionalisierung von Kinderarbeit und Ausbeutung als Geschäftsgrundlage der Textilindustrie

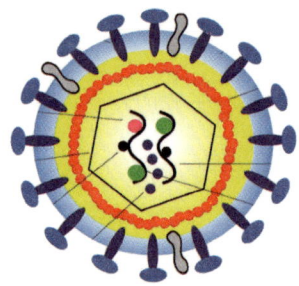

HIV und seine Gene. Retroviren spalten die DNA einer Wirtszelle mit dem Enzym Integrase auf und integrieren ihr eigenes Genom, für deren Reproduktion jetzt die Wirtszelle sorgt

Unter Integration wird der Zusammenhang von Teilen in einem systemischen Ganzen verstanden.[1] Integration bezeichnet dabei einerseits einen Zustand, andererseits einen Prozess und Abschluss eines Vorgangs. Integrationsstrategien finden sich in vielen gesellschaftlichen, politischen, wirtschaftlichen, technischen und naturwissenschaftlichen Bereichen. Beispiele sind die Europäische Integration, die Integration von Migranten, die Aufstellung von Unternehmen als horizontal und|oder vertikal integrierte Konzerne, die Integration akquirierter Unternehmen oder die Integration technischer Systeme. Systemintegration ist in modernen sozialen Systemen, die stark arbeitsteilig und funktional differenziert sind, in hohem Maße erforderlich. Integration ist als Prozess zu verstehen, in dem autonome Einheiten bestimmte Handlungsmöglichkeiten und Optionen aufgeben, damit das neu gebildete Gesamtsystem verbesserte evolutionäre Chancen erhält.[2] Integration kann erfolgen über Märkte, über steuernde Institutionen, z. B. Gesetze und Regulierungen, sowie durch *Orientierungen* der Akteure wie Loyalität, Gerechtigkeit, Moral und Glaube. Um die Akteure von Teilsystemen für eine Integration zu gewinnen, werden im Rahmen von Integrationsstrategien in der Regel weitere Handlungsmuster wie FÖRDERN UND FORDERN, INSTITUTIONALISIERUNG, MYSTIFIKATION, PARTIZIPATION oder SYMBOLISCHE HANDLUNG, aber auch Gewalt und Macht eingesetzt. Soziale Integration erfolgt nach Esser [2] in vier Dimensionen: der *Kulturation* als Erwerb von Wissen und Fertigkeiten, einschließlich der Sprache, der *Platzierung* als der Übernahme von Positionen und der Verteilung von Rechten, der *Interaktion* als Aufnahme sozialer Beziehungen im alltäglichen Bereich und der *Identifikation* als emotionaler Zuwendung zu dem betreffenden sozialen System. Bei Integrationsstrategien für Migranten muss entschieden werden, auf welcher dieser Dimensionen ASSIMILATION wünschenswert und erforderlich ist, gefordert und gefördert werden soll. Das Fehlen von Assimilation auf einer oder mehreren dieser Dimensionen führt zur Segmentierung der Gesellschaft. Eine pure Assimilation und versuchte Totalintegration von Migranten war empirisch allerdings weniger erfolgreich als die behutsame Integration im Sinne bspw. der kanadischen

[1] vgl. Helmut Wilke: Systemtheorie I: Grundlagen. Eine Einführung in die Grundprobleme der Theorie sozialer Systeme. 7.überarb. Aufl. Stuttgart 2006

[2] vgl. Hartmut Esser: Integration und ethnische Schichtung. Mannheim 2001

[3] vgl. Bernd W. Wirtz: Merger & Acquisition Management. Wiesbaden 2003

[4] Michael Wink: Molekulare Biotechnologie. Weinheim 2004

POSITION	SICHERN	ENTWICKELN	VERMITTELN

POTENZIAL	SICHERN	ENTWICKELN	VERMITTELN

Mosaik Philosophie gesellschaftlicher Identität: Hier sind alle Kanadier, aber gleichzeitig auch Griechen, Chinesen, Deutsche, Polen oder welcher Ursprungsnation auch immer sie angehört haben. Das Mosaik und die Collage sind unscharfe Anwendungsvarianten einer reinen Integration und Synthese. Unternehmerische Integrationsstrategien zielen auf die Verbesserung ihrer Marktposition. Bei vertikaler Integration soll ein größerer Teil der Wertschöpfungskette kontrolliert, Transaktionskosten gespart und Gewinne auf diesen Stufen der Wertschöpfung internalisiert werden. Bei horizontaler Integration stehen die Erhöhung der Marktanteile, *economies of scale* und *scope* und Diversifizierung im Vordergrund. Bei der Integration von Unternehmen in Folge von *mergers & acquisitions* stehen häufig organisatorische, technische und vor allem auch kulturelle Unterschiede im Wege.[3] Diese müssen mit den oben erwähnten dienstbaren Handlungsmustern der Integration überwunden werden. In der Biologie hat die molekulare Virologie die Integration des viralen Erbguts in das Wirtsgenom als essenziellen Schritt im Replikationszyklus eines Virus identifiziert. Das genetische Material wird dabei in eines oder mehrere Chromosomen des Wirtsgenoms eingebaut. Diesen Prozess macht sich auch die Biotechnologie zu Nutze, um gewünschte Gene zu integrieren und so bspw. rekombinante Wirkstoffe herzustellen.[4] Wie so oft kristallisiert die Biologie den strategischen Kern auch dieses Handlungsmusters deutlich heraus: Integration steigert das funktionale Leistungsspektrum des Systems. Integration will Potenziale erschließen und nimmt dabei ein hohes Maß an Unwägbarkeiten und Risiken in Kauf. Die Kontrolle solcher Risiken ist für jede Integration erfolgskritisch. hwn

Die als Hochzeit im Himmel und Formierung einer Welt AG 1998 angekündigte Fusion von Daimler und Chrysler scheiterte in der Integration und wurde neun Jahre später wieder entflochten

Nicht Assimilation, sondern Mosaik als Ideal der kanadischen Integrationsphilosophie

Masaaki Inai, der den Begriff des Kaizen als Managementmethode der permanenten Verbesserung prägte, auf einer Konferenz 2009 in München

Viele kleine Schritte im Kampf gegen das Rauchen führten von einer Gesellschaft, in der im Deutschen Bundestag, in Flugzeugen, in TV-Live-Sendungen, ja sogar im NASA-Kontrollzentrum geraucht wurde, zu einer kompletten Ausgrenzung des Rauchens aus dem öffentlichen Leben. Selbst an der frischen Luft eines Bahnhofs lauern heute die Restriktionen in Form von markierten Raucherghettos

Natur und Evolution machen immer nur kleine Schritte. Das bekannte Axiom *natura non facit saltus* |die Natur macht keine Sprünge| stammt von dem schwedischen Botaniker Carl von Linné.[1] Die Erkenntnis ist jedoch alt und führt von Aristoteles über Charles Darwin zum heutigen Verständnis von Gradualismus in Geologie und Biologie als einer Grundannahme, dass sich Veränderungsprozesse in der Erd- und Stammesgeschichte stets mit gleichförmiger Geschwindigkeit vollziehen. Evolution ist hier die Summe sehr vieler, geringfügiger Modifikationen, die sich nicht sprunghaft oder volatil ereignen, sondern in einer immerwährenden Frequenz. Die Erfolgsausbeute einer Strategie der kleinen Schritte ist demnach nicht allein von der Anzahl, sondern auch vom Rhythmus dieser Schritte determiniert. Das unterscheidet sie von einer Politik der kleinen Schritte, die ihren eigenen Rhythmus in der Regel nicht bestimmen kann, sondern nur die Stoßrichtung einer erwünschten Veränderung und eine erste zahme Annäherung. Kleine Schritte sind immer dann besonders effektiv, wenn sie in großer Zahl und gleichmäßigem Rhythmus erfolgen. In der Politik sind sie meist nur die zweitbeste Lösung in einer angestrebten Annäherung oder Integration, weil große Schritte von bilateralen oder multilateralen Partnern blockiert werden. Die Genese der Europäischen Union und Jean Monnets *Integration der kleinen Schritte* sind dafür ebenso Beispiel wie die Annäherungs- und Ostpolitik Willy Brandts und Egon Bahrs. Das strategische Moment des Handlungsmusters setzt jedoch eigentlich erst dann ein, wenn der Verlust der Differenz zwischen großen und kleinen Schritten durch hohen Rhythmus ausgeglichen wird. Auch in der Pädagogik sind kleine Schritte grundlegend für den Lernerfolg, weil sie den Weg zum Ziel in solche Portionen teilen, die der individuelle Kandidat bewältigen kann und deren Bewältigung ihm Erfolgserlebnisse und Motivation für einen schnelleren Rhythmus oder sogar größere Schritte verleihen. *Little steps* sind ein Topos der Gesundheitsprophylaxe und werden jenen als Strategie empfohlen, die aus einer Position der Schwäche heraus ihre Gesundheit verbessern wollen. Die Summe der vielen Treppen, die statt des Fahrstuhls gewählt wurden, ergeben über einen Zeitraum von zwei Jahren das statistisch bessere Nettoergebnis als vollmundig begonnene und

[1] In: Philosophia Botanica. Stockholm 1751

POSITION	SICHERN	ENTWICKELN	VERMITTELN

POTENZIAL	SICHERN	ENTWICKELN	VERMITTELN

schnell abgebrochene Radikalkuren. Rhythmus und Regelmaß sind so auch in der Pädagogik fundamentale Prinzipien der Verstetigung von Lernerfolgen durch habituelle und rituelle Prozesse: *have you had your 5 times fruit a day* lautete ein langjähriger Slogan der US-amerikanischen Kampagne gegen Dickleibigkeit. Die Strategie der kleinen Schritte steht auf der Seite nachhaltiger, nicht sprungfixer Erfolge, wie auch das Beispiel der japanischen Managementphilo-sophie des Kaizen belegt. Erst die Summe aus Anzahl und Rhyth-mus der Verbesserungen, die habituelle Verankerung des Nicht-En-den-Wollens kleiner Verbesserungsschritte in den Köpfen aller Mit-arbeiter produzierte jene gewaltige Schlagkraft, die US-amerika-nische und europäische Automobilproduzenten zur Nachahmung der japanischen Methode zwang. zi

natura non facit saltus

Die Treppe als konkrete Anwen-dung einer Strategie der Höhengewinnung durch Portio-nierung in Teilschritte

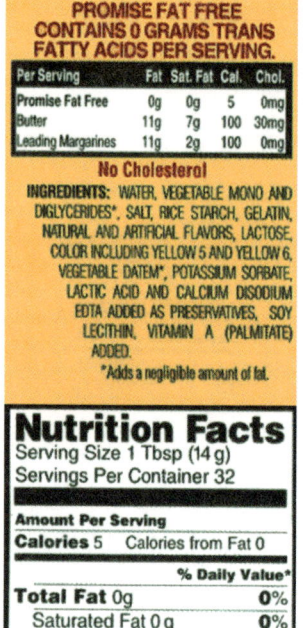

Beunruhigende Fakten hinter verwirrender Informationsvielfalt verstecken: Desinformation in der Lebensmittelkennzeichnung

Konfusion ist eine Desinformationsstrategie, die Gegner nicht mit falschen Informationen in die Irre führen, sondern mit einem Überangebot widersprüchlicher Informationen verwirren will. Das lateinische Verb *confundere* bezeichnet ursprünglich *sich vermengen, sich vereinigen* und nimmt erst später die bis heute dominante Wortbedeutung *verwirren* an. Die Ökonomie der Sprachpraxis begreift Konfusion also als Produkt einer Handlung in Form von Verwirrung und drängt die Entstehung dieses Produkts durch Vermengung und Überlagerung von Informationen bedeutungsgeschichtlich in den Hintergrund. Genau darin besteht jedoch die strategische Leistung des Handlungsmusters. Die Tatsache, dass die Desinformation eines Gegners hier nicht auf rückverfolgbaren Falschinformationen basiert, bietet zunächst ethische, rechtliche und soziale Vorteile, weil die Quellen der Verwirrung nur selten enttarnt werden und die Anstifter sich in der allgemeinen Verwirrung leicht mit deren Opfern vermengen können. *Verwirrung stiften* ist auch deshalb ein anonymer Akt, weil er nicht auf *einer* falschen oder *einer* unterlassenen Information beruht, die markant hervorstechen könnte, sondern vielmehr auf einer Fülle von Informationen, die unwichtig und in sich inkonsistent sind. Die Gegner werden so bei ihrer Analyse einer Situation behindert und von eigentlichen Fragen und Entscheidungen abgelenkt. Im Unterschied zur *Verschleierung* von Informationen |siehe MYSTIFIKATION| manipuliert die Konfusion also nicht durch die Verzerrung von richtig und falsch, sondern durch die von wichtig und unwichtig.

Bedingt durch die natürlichen Geheimhaltungskräfte des Handlungsmusters gibt es nur wenige belegbare Anwendungen. Spärlich dokumentiert, aber durch Zeitzeugen belegt, ist die bewusste Konfusionsstrategie der Deutschen Telekom in ihrer Tarifpolitik im Zuge der Deregulierung. Durch die Öffnung der Telekommunikationsmärkte auch im Festnetz im Jahre 1998 waren neue Wettbewerber in den Markt eingetreten und umwarben die Verbraucher mit einer Flut neuer Marken, die ihrerseits schon zu einer gewissen *brand confusion* des Konsumenten beitrugen. Die Telekom versuchte in dieser Situation, ihre aus Monopolzeiten stammenden Marktanteile möglichst lange zu verteidigen und gleichzeitig einen absehbaren

POSITION	SICHERN	ENTWICKELN	VERMITTELN

POTENZIAL	SICHERN	ENTWICKELN	VERMITTELN

Preiskampf und Margenverfall zu verzögern. Man entschloss sich zu einer weiteren Steigerung von Konfusion durch die Überflutung des Marktes mit neuen Preistarifen in unüberschaubarer Kombinationsvielfalt von *Call Basic* bis *Call & Surf Comfort*. Das massive Überangebot von Wechseloptionen innerhalb der Telekom wie außerhalb bei ihren Wettbewerbern bewirkte den erwünschten Effekt und hat die Wechselbereitschaft der Verbraucher gelähmt. Diese Lähmung von Entscheidungsbereitschaft beim Gegner ist ein hoher strategischer Nutzen des Handlungsmusters.

Verzögerung von Entscheidungen durch Überangebot von Informationen ist auch das Motiv hinter einem weiteren Beispiel, der weltweiten Debatte um den Klimawandel und seinen Konsequenzen. Stefan Rahmsdorf schildert in seiner ausführlichen Analyse in faz.net vom 14. Mai 2010, wie die Lobby Maschinerie eine Vergleichbarkeit und Bewertbarkeit von Daten durch systematische Überfütterung der Medien mit Daten sowie durch Begriffsverwirrung verhindert. zi

Vebacom verwandelte sich in otelo und wurde zum wichtigsten Festnetz-Wettbewerber für die Telekom. Später wurde otelo von Arcor übernommen. Die Inflation neuer Telekommunikationsmarken und -angebote wurde von der Telekom bewusst mit inflationären eigenen Tarifen verstärkt, um die Konfusion beim Verbraucher zu steigern und seine Wechselbereitschaft einzudämmen

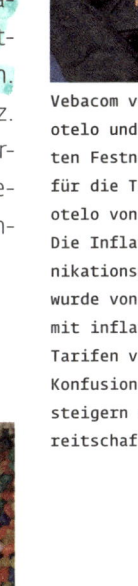

Vielfalt kompliziert Entscheidungen

Die Lizenz zum Töten ist keine
Strategie, sondern bloß
eine Verkürzung des Amtsweges

Kollateralschäden am Marken-
image durch übertriebene
Lizensierung: der Hello Kitty-
Vibrator

Strategischen Rang erhält die Lizensierung noch nicht im Falle einer bloßen Übertragung von Rechten, sondern allein bei der Delegation von Aufgaben. Führerschein- oder Angellizenzen bilden keine Strategie, sondern nur eine Form der Autorisierung. Die bekannte *Lizenz zum Töten* des britischen Geheimagenten James Bond bildet nicht etwa eine Strategie der Regierung, den Staat als Urheber einer Tötung zu verschleiern, sondern nur die Aufhebung des üblichen Eskalationsprinzips, im Vorfeld entsprechende Genehmigungen einholen zu müssen.

Als strategisches Handlungsmuster hat die Lizensierung zwei Stoßrichtungen. Sie dient der Entkoppelung oder Entlastung eines Täters von einer intendierten Tat durch Instrumentalisierung eines Dritten. Strohmänner werden engagiert und für eine bestimmte Aufgabe lizensiert, damit der Weg zum eigentlichen Täter nicht zurückverfolgt werden kann. Schürfrechte werden nicht als bloße Rechtsübertragung, sondern in der Erwartung von Mindestliefermengen lizensiert, weil der Inhaber bei der Ausbeutung des Prospekts durch fremde Ressourcen entlastet werden will oder muss, um den Abbau innerhalb eines vorgegebenen Zeitrahmens bewältigen zu können. Während also bei der entkoppelnden Instrumentalisierung Anonymität und Schutz des Täters im Vordergrund stehen, ist es bei der entlastenden Instrumentalisierung die Multiplikation der Wertschöpfungsmöglichkeiten des Täters in Form von eingekauften Arbeitskräften und Ressourcen. Die systematische Lizensierung von Selbstmordattentätern durch *Al Quaida* oder *Hamas* bspw. dient nur bedingt dem Schutz der Rädelsführer, die sich in der Regel öffentlich zu diesen Taten bekennen, aber eindeutig einer Maximierung des Schadens beim Gegner.

Multiplikation von Wertschöpfung ist auch das Motiv von Wirtschaftsunternehmen, die Lizenzen vergeben, ihre Patent- oder Markenrechte in bestimmten Geschäftsfeldern gegen eine Lizenzgebühr nutzen zu dürfen. So autorisiert bspw. Porsche einen Brillenhersteller, Porschebrillen zu produzieren und zu vertreiben, weil Porsche selbst nicht über ein Vertriebssystem für Brillen verfügt, gleichwohl aber aus dem zunächst immateriellen Wert der eigenen Marke in diesem Segment eine zusätzliche Wertschöpfung

POSITION	SICHERN	ENTWICKELN	VERMITTELN

POTENZIAL	SICHERN	ENTWICKELN	VERMITTELN

erwirtschaften kann. ==Lizensierung ist hier die Strategie, sich selbst von allen operativen Aufgaben der Geschäftstätigkeit zu entlasten und dennoch Nutzen daraus zu ziehen.== Dass solche Übertragungen von Nutzungsrechten auch Risiken beinhalten, zeigt anschaulich das Beispiel der Marke *Hello Kitty* der japanischen Firma Sanrio. Produkte dieser auf Kinder und Jugendliche ausgerichteten Marke wurden von Sanrio über Lizenzen breit gestreut, so dass die Marke sich schnell und erfolgreich ausbreiten und nahezu globale Präsenz erlangen konnte. Im Jahre 1997 brachte einer der Lizenznehmer dann den Hello Kitty Massagestab auf den Markt, der kurz darauf in einem Internetvideo in der Anwendung als Vibrator auftauchte und die Marke in ihrem jugendfreien Image schwer beschädigt hat. km|zi

Lizensierung ist ein beliebtes Handlungsmuster bei Prominenten, die ihre ursprüngliche Kernleistung nicht mehr erbringen und Einkünfte nur noch erwirtschaften, indem sie den Glanz ihres Namens gegen eine Rente allmählich aufzehren. Im Bild die Boris Becker-Edition von Rodenstock

Meister Yoda aus der Lego Star Wars-Kollektion, ein Beispiel für die Lizensierung von Hollywood-Produktionen an die Spielzeugindustrie

Linux hat die Strategie der Lizensierung mit seiner open source software radikal ausgereizt, weil Lizenzen an alle vergeben und somit unendliche Multiplikationen ermöglicht wurden

In Barcelona zum Weltfußballer gemacht: Mit 13 Jahren betritt Lionel Messi zum ersten Mal den Trainingsplatz von Barca, wo er ausgebildet wird und eine hormonelle Wachstumstherapie beginnt. Messi misst zu diesem Zeitpunkt gerade einmal 1,43 Meter. Am 17. Oktober 2004 debütiert der 17-jährige Argentinier bereits in der ersten spanischen Liga. Fünf Jahre später ist er unumstrittener bester Fußballer der Welt

Konzentration auf die Kernkompetenz: Längst stellt ein Automobilunternehmen wie Volkswagen nur noch Teile des Autos her. Zündkerzen, Sitze, Windschutzscheiben, Reifen, Navigationssysteme und vieles mehr produzieren Zulieferer

Make or buy? ist eine Frage mit hoher Alltagsrelevanz. Bei jedem Kuchen müssen sich Frau oder Mann entscheiden, ob sie ihn als |tiefgefrorenes| Endprodukt im Supermarkt kaufen, ihn mit Hilfe einer Backmischung herstellen oder von Grund auf selber machen. Es handelt sich also um eine Entscheidung, bei der Ziele |u. a. leckerer Kuchen|, Zeit, Aufwand und Kosten in ein Verhältnis gesetzt werden. Unternehmen wägen hierbei ab, welche Prozessschritte ihrer Produktion sie selbst durchführen und welche sie auslagern.

Die extremste Form des Make ist die komplette Eigenfertigung, die heute in der Industrie kaum noch vorzufinden ist. Automobilunternehmen müssten dazu jedes Teil eines Pkw selbst konstruieren, produzieren und montieren. Seit den frühen 1980er Jahren gibt es stattdessen den Trend zur schlankeren Produktion |lean production|. Bei dieser Mischform konzentrieren sich Unternehmen auf ihre Kernkompetenzen und überlassen Bereiche der Wertschöpfung ihren Zulieferern. Dies bietet einige Vorteile: Einkauf nach Bedarf, weniger feste Kostenpositionen und Preiswettbewerb unter den Zulieferern zum eigenen Vorteil.

Auch aus der Natur kennen wir eine ähnliche Vorgehensweise: Der Kuckuck lagert Teile seiner Reproduktion aus, indem er Wirtsvögeln seine Eier in die Nester legt. Während diese also Energie und Zeit darauf verwenden, seinen Nachwuchs aufzuziehen, kann sich der Kuckuck weiterhin ganz auf die eigene Nahrungssuche fokussieren. Bei der extremen buy Variante, also dem kompletten Zukauf von Produkten oder Leistungen, werden die Handelswaren nur noch durch eine Marke gekennzeichnet. Dadurch kann das Unternehmen flexibler auf sich wandelnde Bedürfnisse reagieren, läuft allerdings auch Gefahr, Qualität und Preisgestaltung weniger kontrollieren zu können.

Make or buy? zeigt sich auch im Umgang mit Talenten, also in der Frage, ob Unternehmen, Vereine oder Verbände Nachwuchskräfte selbst ausbilden oder extern rekrutieren. Der Profifußball veranschaulicht die unterschiedlichen Leistungen beider Handlungsmuster: Vor allem seit der Liberalisierung des EU-Fußballmarktes durch das Bosman-Urteil 1995 vernachlässigen einige Top-Vereine die Integration von Nachwuchsspielern in ihre Profimannschaften,

POSITION	SICHERN	ENTWICKELN	VERMITTELN

POTENZIAL	SICHERN	ENTWICKELN	VERMITTELN

weil der internationale Transfermarkt schnellere Lösungen bietet. Ein Blick auf die Erfolge der Vereine zeigt hingegen, dass eine nachhaltige Position unter den europäischen Spitzenmannschaften vor allem jenen Klubs vorbehalten ist, die sowohl intensive Jugendarbeit betreiben und passende Spitzentalente zukaufen, wie bspw. FC Barcelona, Manchester United oder Bayern München. Die Entwicklung eigener Spieler ist dabei eher langfristig angelegt und erfordert Vorlauf, Geduld und Investitionen, erzielt aber auch einen höheren und regelmäßigeren pay off. Der Zukauf ist hingegen schnell und flexibel, erwirtschaftet eher weniger Gewinn und ist mit einem höheren Risiko verbunden, wie es auch der Gegner dieser Transferpolitik, Trainerlegende Otto Rehagel, pointiert ausdrückte: *Geld schießt keine Tore*. Als kombiniertes Handlungsmuster bildet make | buy also eine Strategie der Balance von kurz- und langfristigen Zielen.

Das Kuchenbeispiel zu Beginn verdeutlicht aber noch eine andere Facette von make or buy, die sozialpsychologische Komponente. In vielen Gesellschaften wird dem Selbermachen ein höherer Stellenwert als dem Konsum eingeräumt. Kaufen kann jeder, wenn er bloß das nötige Geld hat. Es ist ein anonymer und massenhafter Akt im Unterschied zur individuell erkennbaren Leistung der eigenen Herstellung. Dementsprechend ist make immer die stärkere Strategie, was auch die überwiegende Zahl der Weltmarktführer verdeutlicht, die vieles selber machen und sich damit auch gegen die NACHAHMUNG eigener Produktionsstärken durch Wettbewerber absichern. Die Anerkennung für das Selbstgemachte erstreckt sich aus Gründen des Ethnozentrismus auch auf das *wir gemacht* und *hier gemacht*. Textilunternehmen wie American Apparel in den Vereinigten Staaten oder Trigema in Deutschland werben deshalb damit, dass sie im Gegensatz zum Wettbewerb in ihren Heimatländern produzieren. Höhere Verkaufspreise gegenüber der Ware aus Asien werden dabei mit dem patriotischen Qualitätssiegel |Made in ...| gegenüber Kunden gerechtfertigt. mf

Selbstgemacht schmeckt immer besser als gekauft, behauptet der Volksmund. Make gewährt höhere gesellschaftliche Akzeptanz als buy

Ausgelagerte Fütterung: Ein Teichrohrsänger nährt einen jungen Kuckuck, weil er ihn fälschlicherweise für seinen Nachwuchs hält. Und das, obwohl der Wirtsvogel kleiner als der frisch geschlüpfte Brutparasit ist

Helmut Schmidt als der wohl einzige Mensch in Deutschland, der sich der Marginalisierung als Raucher erfolgreich entziehen konnte und selbst in Talkshows weiterhin live rauchen darf

NEU!
Eine gemeinverständliche Verteidigung des gesunden Menschenverstandes **gegen die Angriffe Einsteins!**

Milena Watzek vom Max Planck Institut für Wissenschaftsgeschichte hat die Versuche dokumentiert, Albert Einsteins Relativitätstheorie zu marginalisieren. Die oben gezeigte Banderole stammt von einer Anti-Einstein-Schrift aus dem Jahre 1923

Ein wahrer Meister in der Marginalisierung seiner Wettbewerber ist das Unternehmen Microsoft. 1993 drängt Bill Gates seinen alten Rivalen *Digital Research* und dessen Betriebssystem DR-DOS mit einem Trick an den Rand des Marktes: Er lässt eine Vorabversion von Windows 3.1 mit einer vorgetäuschten Fehlermeldung ausstatten, die immer dann aufleuchtet, wenn das Betriebssystem mit DR-DOS statt mit MS-DOS hochgefahren wird. Durch das systematische Ausstreuen von *doubt and uncertainty* an der Systemkompatibilität von DR-DOS sichert sich Gates IBM als Kunden und Marktmultiplikator seiner Software. Gleichzeitig versucht er, Windows als registrierte Handelsmarke eintragen zu lassen, was ihm 1994 schließlich auch gelingt. Damit hatte Microsoft die Fenster-Technologie, die lange vorher in Unix Systemen und auch im Apple Macintosh eingeführt war, in der weltweiten Wahrnehmung erfunden und in Besitz genommen. Apple widersetzt sich der Marginalisierung durch Microsoft und kämpft in der Rolle des David, ehe dann Microsoft in einer Krise mit Kapital hilft und rund fünf Prozent der Aktien von Apple übernimmt. Die Beispiele zeigen zwei unterschiedliche Handlungsmuster in der Marginalisierung von Wettbewerbern in Wirtschafts- und Meinungsmärkten, zum einen die Herabsetzung ihrer Bekanntheit, Relevanz und Glaubwürdigkeit, zum anderen die Besetzung von Quellen, aus denen der Wettbewerber Bekanntheit, Relevanz und Glaubwürdigkeit schöpfen kann. Man nimmt gerade das für sich in Anspruch und besetzt es öffentlich, wofür der Wettbewerber bisher bekannt war oder gestanden hat. Microsoft ist genau das durch das *claiming* von Windows als Trademark gelungen. Das Besetzen von Ressourcen und Quellen des Gegners ist ein beliebtes, auch der Ethnologie aus der Stammesgeschichte und der Geschichtswissenschaft aus der Imperialismus- und Kolonialismusforschung bekanntes Handlungsmuster, mit dem eindringende Kulturen vorhandene Populationen zurückdrängen wollen. Marginalisierung will dabei keine offene Konfrontation, sondern nur Dominanz und Kontrolle über ein bestimmtes Territorium zum geringstmöglichen Preis. Dem Gegner Grundlagen wie bspw. den Zugang zu Wasser oder Nahrung zu entziehen, ist dabei preiswerter und nachhaltiger, als dessen ständige Verfolgung und Bekämp-

POSITION	SICHERN	ENTWICKELN	VERMITTELN

POTENZIAL	SICHERN	ENTWICKELN	VERMITTELN

fung. Diese Form der ökologischen Marginalisierung wird vor dem Hintergrund einer wachsenden Wasserknappheit auch im Afrika der Gegenwart von konkurrierenden Ethnien betrieben. Marginalisierung durch Überfremdung ist eine dritte Anwendungsvariante dieser Strategie. Sie wurde bspw. von Indonesien bei der Annexion von Westpapua |Neuguinea| praktiziert, wohin mehr als eine Million Indonesier umgesiedelt wurden, um die Bevölkerungsmehrheit gegenüber den Papua als Ureinwohner darstellen und Westpapua als neuen Bundesstaat eingliedern zu können.

Aktivisten der marginalisierten Papua demonstrieren für Menschen- und Minderheitsrechte

Der Struktur des Herabsetzens des Gegners folgte hingegen die langjährige Marginalisierungsstrategie der Gesundheitslobby gegenüber den Rauchern. Sie wurden zunächst für prinzipiell befangen erklärt, weil sie als Süchtige kein glaubwürdiges Urteil zur Debatte beitragen könnten, und in einem zweiten Schritt sozial herabgewürdigt, weil angeblich *only social underprivileged people smoke*. Hatte man die Raucher dann erst einmal als quasi unzurechnungsfähige gesellschaftliche Randgruppe etikettiert und marginalisiert, konnten sie sich diskursiv in dem folgenden Verdrängungsprozess des Rauchens aus dem öffentlichen Raum nicht mehr wehren. Marginalisierung ist eine langsame, aber effektive und nachhaltige Strategie bei der Entwicklung von Positionen zu Lasten von Gegnern. zi

Fenster in Besitz nehmen, die andere erfunden haben, indem man sie groß auf seine Flagge schreibt: Microsoft verdrängt Wettbewerber durch die Okkupation der Fenster-Technologie mit der Windows *Trademark*

Die Lufthansa möchte den neuen Flughafen Berlin Schönefeld gerne marginalisieren, bevor er überhaupt fertig ist, weil der Wettbewerber Air Berlin dort seine Heimatbasis hat. Gezielt macht der Konzern auf die durch das Nachtflugverbot gegebene Schwäche aufmerksam

Transformation von Heineken-Flaschenetiketten in die brasilianische Flagge

Ewige Wiedergeburt durch Metamorphosen im Recycling

Als intentionales Handlungsmuster ist die Metamorphose stets eine Reaktion auf eine bedrohliche Situation. Schon Johann Wolfgang von Goethe hat in seiner <u>Metamorphose der Pflanzen</u> die später von Lamarck und Darwin formulierte Intelligenz der Evolution erahnt, die ihre Organismen durch Mutation in die Lage versetzt, sich negativen Umweltbedingungen anzupassen. Als Antwort auf Existenz bedrohende Entwicklungen sind Metamorphosen auch aus der Wirtschaft bekannt. Wie in der Natur wird das Handlungsmuster aber nur aus einer Position der Schwäche heraus gewählt. Im Gegensatz zur DEKONSTRUKTION handelt es sich bei der Metamorphose aber nicht um eine Neukonfiguration, sondern um eine echte Umformung und Transformation bestehender Elemente und Funktionen. Der Prozess ist irreversibel: Durch die Ausbildung einer neuen Form geht die Alte unwiederbringlich verloren und bleibt nur als *imprint* im Gedächtnis des Unternehmens bestehen.

Ein Beispiel hierfür ist das finnische Unternehmen Nokia, das in seiner 150-jährigen Geschichte bereits zwei Metamorphosen durchlaufen hat: von der Papiermühle zum Strom- und Gummiwaren-Produzenten bis hin zum Handy-Produzenten. Die Umwandlung von Struktur, Organisation und Geschäftsmodell ging bei Nokia weit über bloße Veränderungs- und Verwandlungsprozesse hinaus, die im Unterschied zur Metamorphose jeweils revidiert, umgestaltet oder graduell verschoben werden können. Metamorphosen sind Wiedergeburten, von denen kein Weg in das alte Leben zurückführt. Die Radikalität des Bruchs mit der Vergangenheit erfordert dementsprechend einen hohen unternehmerischen Mut. Der Schweizer Ökonom Cuno Pümpin [1] empfiehlt Managern, die eine solche Strategie erwägen, das *Verlernen zu lernen* und zu allererst ihre erfolgreichen Verhaltensmuster über Bord zu werfen. Die Idee eines selbstinszenierten Verlernens und Vergessens angestammter Wahrnehmungsmuster liegt auch dem sogenannten *non intentional Design* [2] zugrunde, das Gegenstände nach Ablauf ihrer Nutzphase in ihrer Funktionalität umwidmet und umwandelt, um eine weitere, aber komplett andere Nutzung zu ermöglichen. Metamorphosen dienen also der Verlängerung von Lebens- und Wirtschaftszyklen, die ablaufen oder von außen bedroht sind. Systematisch und

[1] Cuno Pümpin, Christian Wunderlich: Unternehmensentwicklung – Corporate Life Cycles. Metamorphose statt Kollaps. Bern 2005
[2] vgl. Uta Brabdes, Michael Erlhoff: Non Intentional Design. Köln 2006
[3] Michael Braungart, William McDonough: Cradle to Cradle. Remaking the Way We Make Things. New York 2002

POSITION	SICHERN	ENTWICKELN	VERMITTELN

POTENZIAL	SICHERN	**ENTWICKELN**	VERMITTELN

strategisch wurde das Handlungsmuster so bspw. auch bei der Einführung von Kreislaufwirtschaft und Recycling eingesetzt. In einer frühen Kampagne zum Thema Aluminium-Recycling sah man ein Blechspielzeug als anschauliches Beispiel des Gestaltwandels mit der Überschrift *Ich war eine Dose*. Recycling erschafft neue Lebenszyklen für umgeformtes Material und schont den Einsatz von Ressourcen und Energie.

Als radikalste Form des Wandels ermöglichen Metamorphosen also nicht nur die Sicherung von |Existenz| Positionen, sondern erschließen auch neue |Ressourcen| Potenziale. Der Cradle to Cradle Approach von Michael Braungart[3] will bspw. Produktlebenszyklen verlängern, indem die Produkte sich nach definierten Nutzphasen mit Hilfe technischer Metamorphosen in ein neues Produkt verwandeln. Das allerdings ist derzeit noch Zukunftsphantasie. Mit einer Erwartung nach ewiger Wiederkehr und immerwährendem Gestaltwandel ist das Handlungsmuster auch zweifellos überfordert. Man kann die Strategie allenfalls einmal im Leben oder alle 50 bis 100 Jahre anwenden. ed

Non intentional Design

Fake _New York Times_ von den
Yes Men

Mystifikation bildet eine Gruppe strategischer Handlungsmuster
in den beiden Ausprägungen Vorspiegelung und Verschleierung. Im
traditionellen Kanon der 36 chinesischen Strategeme[1] werden allein
sieben Verschleierungs-Strategeme und fünf Varianten der Vorspiegelung aufgeführt[2], darunter poetisch präzise bezeichnete Handlungsmuster wie _mit dem Messer eines anderen töten, im Osten lärmen,
im Westen angreifen, aus einem Nichts etwas erzeugen_ oder _Verrücktheit
mimen, ohne das Gleichgewicht zu verlieren_.[3]
Prominente Beispiele für die vorspiegelnde Mystifikation sind die
Fiktion von Ossian als Figur der gälischen Mythologie durch James
McPherson ·1736 bis 1796· oder Zeichnungen mit _Mobile Production
Facilities_ für biologische Waffen, die die Bush-Administration zur
Legitimation des Irak Krieges anfertigen ließ. Die Strategie basiert
in beiden Fällen auf der Nutzung einer _schwärmerischen_[4] Haltung
bei jenen, die auf diese Art und Weise getäuscht werden sollen.
McPhersons angebliche Ossian Gesänge waren nicht einfach bloß
erfunden, sondern entlang einer starken Erwartung nach nordisch
mythologischen Helden konstruiert. Die erstaunliche Wirkungsge-
schichte dieser Vorspiegelung bis in die deutsche Sturm und Drang
Periode und Romantik lässt sich nicht allein mit einer geschickten
Fiktion oder Täuschung erklären, sondern gründet in der |mensch-
lichen| Sehnsucht nach |erwünschten| Geheimnissen, die je nach
Zielgruppe variieren können. Ohne eine innere Sehnsucht nach
dem Reich des Bösen in Gestalt von Saddam Hussein hätten die
schematischen Zeichnungen den Kongress und die US-Amerikaner
insgesamt kaum überzeugen können, die Kosten und Risiken eines
Krieges in Kauf zu nehmen. Kant spricht von Mystifikation als Über-
gang oder _Salto mortale_ von Begriffen zum Undenkbaren, zur Erwartung von Geheimnissen und Offenbarungen. Die vorspiegelnde
Mystifikationsstrategie nutzt diese Schwäche des Gegeners zum
eigenen Vorteil.
Die Verschleierung hingegen nutzt keine vorhandenen Sehnsüch-
te oder Ressentiments, sondern stellt ein dialektisches Verhältnis
zwischen dem Wahren und Falschen her. Karl Marx kritisiert den
Fetischismus, der den Waren anhafte, weil sie den wahren Schein
der falschen Verhältnisse zeigen, für Theodor Adorno ist der Ver-

[1] gesammelt und dokumentiert
von Harro von Senger: Strategeme. Band I und II. Bern
München, Wien 1988
[2] siehe dazu Harro von Senger:
36 Strategeme. München, Wien
2004
[3] ebd
[4] wie Immanuel Kant die Haltung
von Mystifikationsopfern,
insbesondere religiösen, kritisierte
[5] Theodor W. Adorno: Die revidierte Psychoanalyse. In:
Gesammelte Schriften. Hg. Rolf
Tiedemann. Bd. 8: Soziologische
Schriften. Frankfurt 1972

POSITION	SICHERN	ENTWICKELN	VERMITTELN

POTENZIAL	SICHERN	ENTWICKELN	VERMITTELN

blendungs- oder Verschleierungszusammenhang in der Gesellschaft systemimmanent verankert, *weil nicht nur das Individuum, sondern schon die Kategorie der Individualität ein Produkt der Gesellschaft*[5] ist. In beiden Fällen wird die Verschleierung nicht von Individuen angezettelt, sondern erweist sich als Interaktionsprodukt zwischen Individuen und Gesellschaft. Aber auch Individuen können dieses Handlungsmuster anwenden, wie das Beispiel des japanischen Designers Ora Ito zeigt, der zunächst Louis Vuitton Taschen im Louis Vuitton Design als gekennzeichnete Fakes auf den Markt brachte und anschließend im Auftrag von Louis Vuitton weitere entwarf. Die dialektische Koketterie mit dem Echten und Falschen ist ein Grundprinzip der modernen Fake Kultur insgesamt. Die gefälschte Ausgabe der New York Times, die die Yes Men 2008 in einer Auflage von 1,2 Millionen verteilen ließen, war inhaltlich wie formal nicht weit vom Original entfernt, kündigte sich selbst aber als fake am Tag der Veröffentlichung weltweit an. Moderne Verschleierungsstrategien arbeiten in der Regel mit den Mechanismen der Medien und jenen Prinzipien, die Georg Franck in seiner Ökonomie der Aufmerksamkeit beschrieben hat. zi

Ron Hammer: Mystifikation
eines Stuntmans für Hornbach
Baumärkte

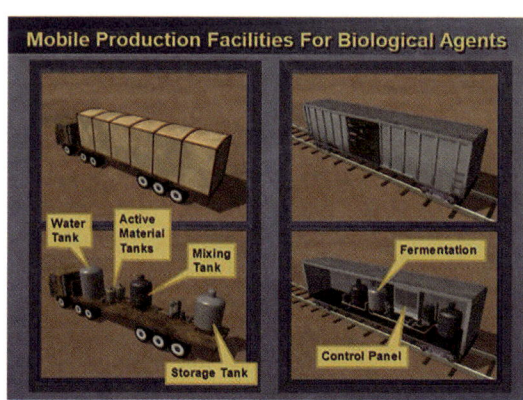

Sehnsucht nach dem Bösen:
Vorspiegelung nicht existenter
Biowaffen im Irak als Legiti-
mation von Krieg

Kenya Hara: Die Verpackung des Bananendrinks ahmt das Naturprodukt nach

Mimese: Die indopazifischen Phylliidae |Wandelnde Blätter| schaukeln bei Gefahr sanft im Wind

[1] Albert Bandura, Richard Haig Walters: Social Learning and Personality Development. New York 1963
[2] vgl. Gabriel Tarde: Die Gesetze der Nachahmung. Frankfurt 2003
[3] Desmond Morris: Manwatching. Reisen zur Erforschung der Spezies Mensch. München 2002

Nachahmung lässt sich sowohl instinktiv als auch strategisch betreiben. Als strategisches Handlungsmuster kennt die Nachahmung zwei Stoßrichtungen: Entweder zielt sie aus einer Position der Schwäche heraus auf die Verkürzung von Wettbewerbsnachteilen oder sie wird zur Desinformation des Gegners verwendet. In diesem Fall nutzt sie dem Schwachen wie dem Starken gleichermaßen. Die Verkürzung von Wettbewerbsnachteilen durch die Imitation erfolgreicher Wettbewerber findet in den drei Schritten Beobachtung, Analyse und Reproduktion statt. Diesen Vorgang bezeichnet der kanadische Psychologe Albert Bandura als Lernen am Modell.[1] Er begreift Nachahmung als festen Bestandteil lernpsychologischer Vorgänge, über den sich die eigene Lernkurve deutlich verkürzen lässt. Gleichzeitig betont er den kreativen Aspekt, denn in der spielerischen Nachahmung und Kombination von Verhaltensweisen können neue Formen entstehen und Potenziale entwickelt werden. Die Verkürzung von sozialen Wettbewerbsnachteilen durch Nachahmung der herrschenden Klasse beschrieb erstmals Ende des 19. Jahrhunderts der Soziologe Gabriel Tarde[2]: Soziale Aufsteiger imitieren mehrheitlich Lebensstil, Attitüden, Moden, Badeorte und Sportarten der herrschenden Eliten.

In der Natur findet sich Nachahmung in Form von Mimikry und Mimese, die in die Gruppe der Desinformationsstrategien gehören. Mit Mimikry ahmt ein Lebewesen die Gestalt, Farbe oder auch die Bewegung einer anderen Art nach, um Feinde abzuschrecken oder Beute anzulocken. Die Mimese hingegen dient der statischen Tarnung durch Imitation der Umgebung. Beide Prinzipien werden im militärischen Bereich kombiniert und als Camouflage-Technik eingesetzt. Eine instinktive und damit nicht strategische Form der Nachahmung beschreibt der britische Verhaltensforscher Desmond Morris[3] mit seinem Begriff des Haltungsechos, der Nachahmung von Mimik, Gestik und Tätigkeiten des Gegenübers unter guten Freunden, um das Vertrauens- und Wohlempfinden zu verstärken. Nachahmung bietet hier den sozialen und kommunikativen Nutzen, Fehlinterpretationen zu vermeiden und Harmonie zu erzeugen. Die Instrumentalisierung der Instinkte empfehlen Vertreter des Neurolinguistischen Programmierens |NLP| insbesondere für Verhand-

POSITION	SICHERN	ENTWICKELN	VERMITTELN

POTENZIAL	SICHERN	ENTWICKELN	VERMITTELN

Camouflage

lungssituationen: eine bewusste Spiegelung von Körpersprache und Tonfall des Gegenübers. In der systematischen Ausnutzung von Instinkten gehört NLP aber allenfalls in den Bereich der Taktik. Mit diesen Techniken lassen sich nur einzelne Situationen, nicht aber der *große Plan* | Clausewitz | manipulieren.

Sanktioniert wird Nachahmung speziell in Bereichen, in denen Wert auf Distinktion gelegt wird. In der ständischen Gesellschaft des Mittelalters war das Tragen bestimmter Farben höheren Ständen vorbehalten, ihre Nachahmung wurde hart bestraft. Auch in Kunst, Musik, Design und Mode droht bei zu offensichtlichen Ähnlichkeiten die Abwertung des Nachahmers zum Epigonen oder gar zum Fälscher. Strategie soll Umweltfaktoren einkalkulieren, jedoch nicht leugnen, weshalb Plagiate keinen strategischen Rang haben, sondern nur eine Rechtsverletzung darstellen. Das gilt insbesondere im wirtschaftlichen Kontext bei der Verletzung von Urheber- und Markenrechten durch Produktpiraterie. Eine Ausnahme bildet der Markt für Generika, in dem die Imitation von Wirkstoffkombinationen nach Ablauf der Patentphase gesetzlich gestattet, weil politisch erwünscht ist. tg

Produktdesign: Wasserflaschen, einer Quelle nachempfunden

Konzertgäste, Marilyn Manson

Das Thema Krankenversicherung führt in den USA regelmäßig zu Glaubenskriegen. Traditionell lenken US-Republikaner über Nebenkriegsschauplätze von der eigentlichen Diskussion ab. So wurde zur Einführung Obamas Gesundheitsreform die allgemeine Krankenversicherung als Erfindung der Nazis dargestellt

Wer seinen Kontrahenten in Scharmützel auf einem Nebenkriegsschauplatz verstrickt, lenkt von der entscheidenden Schlacht ab, bindet feindliche Ressourcen und schwächt den Gegner am Kulminationspunkt des Geschehens. Im Idealfall verschiebt der Stratege das Zentrum des Kampfes vom Ort seiner Schwäche zu einem Ort seiner Stärke. Gelingt es, die Konzentration des Widersachers durch exzentrische Interventionen zu stören, diktiert man mit dem Schauplatz der Entscheidungsschlacht auch deren Bedingungen. So ist nach Ansicht der alten Militärstrategen der erste Sieg schon errungen, noch bevor die eigentliche Schlacht begonnen hat. Aus der Militärtheorie kommend, dient die Einteilung des gesamten Kriegsgebietes in Kriegsschauplätze der militärischen Raumordnung, die Carl von Clausewitz auch als *Kriegstheater* bezeichnet hat. Mit der Vielfalt eingeführter Schauplätze und handelnder Figuren entsteht Verwirrung beim Gegner, Aufmerksamkeit und Kräfte werden disloziert statt konzentriert. Nebenkriegsschauplätze lassen sich auch in politischen, gesellschaftlichen oder sonstigen Auseinandersetzungen eröffnen. Im allgemeinen Sprachgebrauch kennt man sie auch als *Ablenkungsmanöver*, das in der rhetorischen Auseinandersetzung gerne verwendet wird.

Das Handlungsmuster kann also eingesetzt werden, um innerhalb gegebener Rahmenbedingungen eigene Kräfte durch die Beschäftigung des Gegners zu entlasten, andererseits aber auch, um die Schwerpunkte und Bedingungen einer Auseinandersetzung zu verschieben. Wie eine Arena, in der man schwerlich gewinnen kann, unter der Hand in eine ganz andere Arena verwandelt werden kann, zeigt das Beispiel der sogenannten *Culture Wars*, die in den USA in den 1990er Jahren von republikanischen Wahlkampfstrategen angeheizt wurden. Ausgangspunkt war hier die Einsicht, dass die Gesellschaft entlang kultureller Differenzen gespalten werden kann. Werden bestimmte Themen, etwa der Umgang mit Abtreibung, Waffen oder Homosexualität, systematisch ideologisch besetzt, entstehen Polarisierungen, die alle vorher wirksamen Unterschiede überlagern. Die Republikaner nutzten diesen Umstand, um den sozialpolitischen Kern der Auseinandersetzung um die Einführung einer allgemeinen Krankenversicherung in eine kultur- und religi-

POSITION	SICHERN	ENTWICKELN	VERMITTELN

POTENZIAL	SICHERN	ENTWICKELN	VERMITTELN

onspolitische Gretchenfrage umzumünzen: Würde eine allgemeine Krankenversicherung Abtreibungen und Geschlechtsumwandlungen bezahlen? Die Demokraten wurden so aus einem Territorium sozialpolitischer Gerechtigkeit und vermeintlicher Stärke an einen Ort polarisierter Entscheidung über die kulturelle Identität der USA gezwungen, eine Sphäre, in der die Republikaner die Ressentiments vor allem des *bible belts* historisch immer schon besser bedienen konnten. Die vielen weißen, heterosexuellen, männlichen Arbeiter der USA, die eigentlich für die Krankenversicherung sind, und auch demokratische Stammwähler wurden zum Nebenkriegsschauplatz ihres Kulturkonservatismus geführt, wo die Schlacht für die Demokraten dann nicht mehr zu gewinnen war. In der Debatte um die Einführung der Gesundheitsreform durch Barack Obama 2009| 2010 haben Republikaner dann einen weiteren, atemberaubend bizarren Nebenkriegsschauplatz eröffnet, indem sie der Gesundheitsreform faschistisches Gedankengut unterstellten, weil die allgemeine Krankenversicherung angeblich von den Nazis erfunden worden war. Doch dieser Nebenkriegsschauplatz war dann wohl doch zu weit weg vom Kulminationspunkt des Geschehens und konnte die Reform nicht aufhalten. Das Beispiel zeigt, dass der erfolgreiche Nebenkriegsschauplatz weder abwegig noch zu nah am Zentrum plaziert werden darf. ta

In Barry Levinsons Film <u>Wag the Dog</u> erfindet Robert de Niro einen echten Krieg mit Albanien als Nebenkriegsschauplatz der öffentlichen Wahrnehmung, um von einem Sex-Skandal des Präsidenten abzulenken

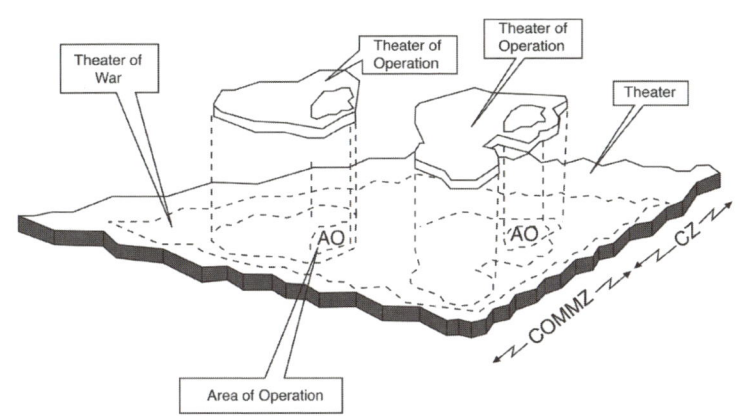

Kriegstheater: Militärische Raumordnung des Kriegsgebietes in Kriegsschauplätze

Carla Bruni als personifizier-
ter news value, weil sie alle
Faktoren in sich vereinigt

Nachrichtenfaktoren in der
Bildsprache: Stereotypisierung
und Reduktion von Komplexität
durch Veranschaulichung des
Unsichtbaren

[1] vgl. Walter Lippmann: Public
Opinion. New York 1922
[2] vgl. Einar Östgaard: Factors
Influencing the Flow of News.
In: Journal of Peace Research 2
1965
[3] vgl. Johan Galtung, Mari Ruge:
The Structure of Foreign News.
In: ebd
[4] vgl. Winfried Schulz: Die Konstruktion von Realität in
den Nachrichtenmedien. Freiburg, München 1976
[5] Niklas Luhmann: Veränderungen
im System gesellschaftlicher
Kommunikation und die Massenmedien. In: Oskar Schatz
|Hg.|: Die elektronische Revo-
lution. Graz 1975

News value ist eine Vermittlungsstrategie, bei der intendierte Botschaften strukturell den Selektionskriterien der Medien angepasst werden, um sowohl deren effiziente Verbreitung wie Wahrnehmung zu erleichtern. Der Begriff news value wurde von Walter Lippmann[1] geprägt und im Zuge der Nachrichtenwertforschung von Einar Östgaard[2], Johan Galtung|Mari Ruge[3] und Winfried Schulz[4] zu einem Kriterienkatalog ausgebaut, der die Selektionsmechanismen von Medien erklärt, mit denen aus Millionen vorhandener Nachrichten diejenigen ausgewählt werden, die man für publikationswürdig hält. Weil Kommunikation ein Prozess ist, *der auf Selektion selektiv reagiert*, also *Selektivität verstärkt*,[5] werden von den Rezipienten aus den publizierten Nachrichten weitere aussortiert und in der Regel nur solche wahrgenommen, verstanden und sogar gespeichert, die möglichst vielen Nachrichtenkriterien entsprechen. Strategisch bedeutet news value die Anpassung von Botschaften an die Selektionsmechanismen der Empfänger. Eine möglichst erfolgreiche Orchestrierung von Botschaften im Sinne dieser Vermittlungsstrategie orientiert sich an den hier zusammengefassten Kriterien:

Dauer: Zuspitzung auf punktuelle Ereignisse. Thematisierung: Rekurs auf Themenhistorie. Nähe: Symbole räumlicher und kultureller Nähe. Relevanz: Anzahl betroffener Personen. Personalisierung: Reduktion von Komplexität. Erfolg: Quantensprung oder Paradigmenwechsel. Konflikt: Polarisierung. Struktur: Stereotypie. Status: Prominenz. Ethnozentrismus: Selbstbestätigung der Zielgruppe. News value gehört damit in die Gruppe der empfängeroptimierten Vermittlungsstrategien, die um den Preis einer Selbstbestimmung von Botschaften ein downcycling und tuning ihrer Inhalte in die Schablonen öffentlicher Wahrnehmung betreiben und sich damit eine hohe Reichweite und Durchschlagskraft verschaffen. Das Handlungsmuster ist in Politik und Public Relations weit verbreitet. Es wirkt strategisch, weil mit der Konstruktion von Nachrichten die Konstruktion vermeintlicher Realität verbunden ist. So wurde bspw. die allmähliche Inkubation der Finanzkrise und ihre Ursachen im Herbst des Jahres 2008 mit der Insolvenz von Lehmann Brothers auf ein vermeintlich punktuelles Ereignis zugespitzt und als *perfect*

POSITION	SICHERN	ENTWICKELN	VERMITTELN

POTENZIAL	SICHERN	ENTWICKELN	VERMITTELN

storm etikettiert, um die wahren Ursachen zu verschleiern. Die Des-informationspolitik der Investmentbanker machte sich hier den Nachrichtenfaktor *Dauer* zu Nutze, der plötzlich eintretende Ereignisse gegenüber allmählich entstehenden bevorzugt und eine griffige, aber falsche Nachricht in die Welt setzte. Auch im Bereich der Friedens- und Umweltaktivisten und bei vielen NGOs bildet die Manipulation öffentlicher Wahrnehmung im Sinne eigener Interessen eine legitime Propaganda, bei der häufig bereits die Planung und Ausgestaltung von Aktionen auf eine kalkulierte Wirkung im Sinne der Nachrichtenfaktoren abgestimmt wird. Das Handlungsmuster profitiert von der Verwechslung von Ereignis und Nachricht. zi

Nachrichtenfaktoren in der Karikatur: Thematisierung |zerrissener Zettel Bündnis 90/Die Grünen|, Personalisierung |nur zwei Personen|, Konflikt |zerrissener Zettel, Moderator|, Erfolg |Paradigmenwechsel, Handschlag, Lächeln des Moderators|. Das sind vier Attraktoren für Aufmerksamkeit in einer Szene

Die BILD vereinigt drei Nachrichtenfaktoren in einer einzigen Headline mit nur drei Wörtern:
Wir
|Ethnozentrismus, Selbstbestätigung|
sind
|Erfolg, Quantensprung|
Papst
|Status, Prominenz|

Charles Darwin

Jedem Kirchturm seine eigene
Brauerei: Bier als Regional-
nische

Die Nischenstrategie ist älter als die Menschheit und wird in der Evolution seit Jahrmillionen praktiziert. Spezies suchen ökologische Nischen, um die Konkurrenz mit anderen Spezies um Nahrung und Ressourcen auszuschalten. Die Entdeckung dieser Strategie gelang Charles Darwin bei der Beoachtung der berühmten Galapagos-Finken, die kleine Äste als Werkzeug benutzen, um an Nahrung zu gelangen, die für andere Tiere unerreichbar ist. Der Begriff *ökologische Nische* in seiner heutigen Bedeutung wurde, wie auch der Begriff des Ökosystems, von Charles Sutherland Elton geprägt. Die Ökologen unterscheiden heute zwischen *fundamentalen*, also gegebenen, und *realisierten*, d. h. erlernten Nischen. Die ökologische Nische hat nur in seltenen Fällen eine räumliche Basis und wurde vom Synökologen Eugene P. Odum als *profession* oder Spezialisierung einer Spezies beschrieben.[1] Die strategische Leistung dieses Handlungsmusters liegt jedoch stets in der Reduktion von Wettbewerbsdruck. Peter Drucker[2] hat die Idee der Nische auf die strategische Unternehmensführung übertragen und unterscheidet zwischen einem *toll gate* und *speciality skill* Modell. Die toll gate-Strategie setzt auf eine Abgrenzung des eigenen, sehr kleinen Teilmarktes gegenüber den marktbeherrschenden Kräften und operiert mit natürlichen oder geschaffenen Barrieren, deren Überwindung für die Wettbewerber nicht lohnt. Es ist eine statische, durchaus nachhaltige und fast luxuriöse Strategie, die nach erfolgreicher Abgrenzung viele Jahre eines Monopols auf kleiner Flamme genießen kann. Die Spezialisierungsstrategie erfordert hingegen *high skills in early times* und vor allem *constant improvement*[3], um den Spezialisierungsvorsprung im Markt aufrechtzuerhalten, und wird gelegentlich auch als hidden champion-Strategie bezeichnet. Im Ökosystem der Wirtschaft kennt man Regionalnischen |hauptsächlich in den Branchen Bier, Banken und Beton|, Zielgruppennischen, Produktnischen, Innovationsnischen oder Windschattennischen |Karmann, Porsche|. In der Internet-Ökonomie können Nischenprodukte kleinster Unternehmen aufgrund des sogenannten longtail Effektes kurzfristig hohe Absatzzahlen generieren.[4]

In der politischen Geschichte kennen wir ebenfalls Nischen: Kleinstaaten wie Liechtenstein oder Monaco, die viel zu klein sind, um

[1] siehe zu den evolutionstheoretischen Grundlagen der Nischenstrategie: Michael Rosenbaum: Chancen und Risiken von Nischenstrategien. Wiesbaden 1999
[2] Peter Drucker: Innovation and Entrepreneurship. New York 1999
[3] ebd.
[4] Der Begriff *longtail* entstand beim Anblick der für den Vertrieb von Nischenprodukten im Internet typischen Kurvenverläufe beim Absatz. Die Kurve flacht nach einem hohen Einstiegsniveau extrem ab und bildet einen langen Schwanz niedriger Absatzzahlen

POSITION	SICHERN	ENTWICKELN	VERMITTELN

POTENZIAL	SICHERN	ENTWICKELN	VERMITTELN

bei den Nachbarstaaten Wettbewerbsreflexe aufkommen zu lassen, gleichwohl aber im Vergleich einen hohen Lebensstandard für ihre Bevölkerung ermöglichen. Innerhalb der Wissenschaften werden Nischen als *Orchideendisziplinen* bezeichnet, wenn sie nur mit geringem Erwartungs- und Erfolgsdruck der Gesellschaft, relativ wenigen Wissenschaftlern und einem entsprechend geringen Wettbewerb ihre Blüten treiben können. Weit verbreitet ist die Nischenstrategie als Kulturtechnik der Differenzierung und Isolation vom mainstream in der Kreativwirtschaft und Kunstszene. Subkulturen entstehen in Ghettos und Nischen, wo das Establishment, die Arrivierten nicht hingehen. Erst in der temporären Abgrenzung von der herrschenden Marktdynamik haben Subkulturen die Chance, sich in ihren Nischen autonom zu entwickeln. Reduktion von Wettbewerbsdruck bedeutet so stets auch bessere Entfaltungsmöglichkeiten für die eigene Identität, eine objektivere Chance der Selbstverwirklichung bei reduzierter Fremdbestimmung. Die Nischenstrategie nimmt Isolation als Vorbedingung von Freiheit in Kauf. zi

Farina Eau de Cologne aus dem Jahr 1830. Damals eine Weltmarke, heute ein Nischenprodukt

Fürstentum Liechtenstein als geopolitische Nische

Teilhabe am Erfolg durch
direkte Kapitalbeteiligung.
Rudolf Augstein verschenkte
1974 50,5 Prozent des Unternehmens an die Mitarbeiter

Betriebliche Mitbestimmung
als rechtlicher Standard der
Partizipation von Mitarbeitern
an der Unternehmenspolitik

Teilhabe fördert das Eigenengagement. Lateinisch *participare* heißt teilnehmen lassen und mitteilen. Schon in dieser ursprünglichen Wortbedeutung spielt der kommunikative Aspekt eine entscheidende Rolle. Man könnte den Begriff direkt übersetzen als *Mitredenlassen*. Der Erfolgsweg von Demokratien hängt mit dieser Möglichkeit der Mitwirkung ihrer Bürger zusammen. Schon die Möglichkeit der Teilhabe, ohne dass diese unbedingt benutzt werden muss, ist ein Ventil für jene Formen von Unmut, den autoritäre Führung auslösen kann. Teilhabe wird erreicht durch Einbeziehung sehr vieler Betroffener in Beratungen |deliberative Demokratie| oder durch die Wahl von Vertretern. In Unternehmen bestehen zwei Möglichkeiten: Mitarbeiterbeteiligung am Firmenkapital oder Interessenvertretung der Mitarbeiter durch Betriebsräte und Mitbestimmung in unterschiedlichen Rechtsformen. Berühmtes Beispiel ist die Mitarbeiter KG der Zeitschrift Spiegel, die im November 1974 Teilhaber wurde. Dem vorausgegangen war eine Redakteursrevolte |1969|, woraufhin Spiegel-Gründer Rudolf Augstein die Hälfte des Kapitals |50,5 Prozent| an die Mitarbeiter verschenkte.

In der japanischen Managementtradition werden sehr ausgefeilte Formen von Beratungs- und Diskussionsgremien empfohlen, die – anders als in westlichen Modellen – ausdrücklich nicht auf Interessenvertretung der Mitarbeiter ausgerichtet sind, sondern vielmehr den Unternehmenserfolg als alleinige Richtungsvorgabe betrachten. Die Einbeziehung gilt als wirkungsvolles Verfahren, mögliche Interessengegensätze in Kooperationsgemeinschaften zu überbrücken. Es wird als fair empfunden, dass derjenige, der zum Erfolg etwas beiträgt, auch mitreden darf. Partizipation ist sowohl als vorbeugendes Integrations- und Mobilisierungsstrategem wie in Japan praktikabel, aber auch als befriedendes Resultat bei Kämpfen und Auseinandersetzungen. Sie kann als Strategie des Mitmachenlassens von der Führungsebene gegenüber Mitarbeitern, aber auch zur Einbeziehung von Gegenspielern verwendet werden. Auch als bottom up-Strategie der Erkämpfung von Einfluss von unten kann sie sich als wirkungsvoll erweisen. Partizipationsangebote von oben können die Führungsfähigkeit sichern, Partizipationserkämpfung von unten zum Ausbau von Potenzialen dienen. Im strategischen

POSITION	SICHERN	ENTWICKELN	VERMITTELN

POTENZIAL	SICHERN	ENTWICKELN	VERMITTELN

Management spricht man seit den 1980er Jahren vom stakeholder approach. Nicht nur die Eigentümer als shareholder, sondern auch die übrigen Betroffenen der Unternehmensentscheidungen wie die Mitarbeiter, die Kunden und vor allen Dingen die lokalen Behörden sollen in geeigneter Weise einbezogen werden. Produktiv ist dabei vor allem der integrative, öffnende Aspekt dieser Strategie im Unterschied zu schließenden Strategemen wie der POLARISIERUNG oder der ASKESE. Partizipative Strategien können immer dann hilfreich sein, wenn es um Expansion, Weiterentwicklung oder das Gewinnen von neuem Schwung geht. In der modernen Politikwissenschaft gilt Partizipation als Schlüsselbegriff. Dabei ist nicht nur an Wahlen und Abstimmungen zu denken, sondern vor allem auch an offene und informelle Debattenformen wie kleinteilige amerikanische townhall meetings, runde Tische oder öffentliche Anhörungen. In der Politikberatung werden partizipative Formen in sogenannten Fokus-Gruppen genutzt, bei denen insbesondere Wahlkampfideen in kleinen, aber möglichst zufällig oder repräsentativ ausgewählten Gruppen marketingartig getestet werden. Benjamin Barber unterscheidet drei Stufen: 1. *talk*, verbunden mit *agenda setting*, 2. *decision making*, 3. *common action*. wrs

Der Energieversorger Vattenfall gründet 2009 einen Kundenbeirat, um verlorenes Vertrauen zurückzugewinnen. Die Einbindung von Kunden in den Geschäftsprozess wird in der Regel nicht als echte Partizipation, sondern als Beruhigungspille und Signal von Dialogbereitschaft inszeniert

Social Networks und andere partizipative Plattformen des Internets

Der Chicagoer Zahnarzt James Earl Best, Verkörperung der Marke Dr. Best

Das Handlungsmuster arbeitet bei der Vermittlung von Positionen gegenüber Massen in zweifacher Hinsicht: zum einen im Sinne einer Auffächerung und Individualisierung |*mass customization*| von Botschaften und Angeboten, zum anderen als Verkörperung abstrakter Sachverhalte durch eine Person. Die Individualisierung bildet eine Anschlussstrategie zur SEGMENTIERUNG von Zielgruppen. Die Verkörperung abstrakter Inhalte durch Personen entspricht einem wichtigen Nachrichtenfaktor |siehe NEWS VALUE| und gleichzeitig der Zuspitzung einer Vermenschlichungsstrategie |ANTHROPOMORPHISIERUNG| auf ein konkretes Individuum. Die Anpassung von Botschaften und Angeboten an individuelle Kriterien eines einzelnen Verbrauchers folgt einer rhetorischen Logik und will die Annahmewahrscheinlichkeit bei Rezipienten und Konsumenten durch Anpassung und Anschmiegen an individuelle Befindlichkeiten erhöhen. Die Verkörperung abstrakter Themen durch bestimmte Personen bildet ein dramaturgisches Stilmittel zur Materialisierung und Veranschaulichung immaterieller Phänomene.

In der Politik ist das Handlungsmuster weit verbreitet und hat den Charakter eines *commodities*, das keinerlei strategische Differenzierung gegenüber Wettbewerbern mehr bieten kann. Politische Programme und Positionen sind abstrakt und in sich differenziert. Sie können unter den Bedingungen von Mediengesellschaft und einer wachsenden Schar von Wechselwählern die erforderliche Reichweite und Wiedererkennbarkeit in der Gesellschaft nur durch die Inkorporation von Programmen in Personen leisten. So wurde bspw. das familienpolitische Programm der CDU|CSU in der ersten Legislaturperiode Angela Merkels konsequent auf Ursula von der Leyen zugeschnitten, die als berufstätige Mutter von vier Kindern ein merkfähiges Rollenbild der politischen Stoßrichtung vorgeben konnte. In den Medien wird Personalisierung gemäß dem Motto *Namen sind Nachrichten* ubiquitär und permanent eingesetzt, um Vorgänge, die sich weit ab von einer persönlichen Erfahrung und Überprüfbarkeit der Zuschauer und Leser ereignen und in ihrer strukturellen Wiederholung |Flugzeugabsturz| ununterscheidbar werden, mit Menschen zu illustrieren. Eine Personalisierung im Sinne von mass customization wird übergreifend vom Medium Internet geleistet,

[1] Frank Piller: Handbook of Research in Mass Customization and Personalization. Vol 1. New Jersey 2009

POSITION	SICHERN	ENTWICKELN	**VERMITTELN**

POTENZIAL	SICHERN	ENTWICKELN	VERMITTELN

aber auch im Bereich des Print-Journalismus punktuell versucht. Das politische Magazin Cicero druckte die Ausgabe vom Dezember 2007 in einer Auflage von 160.000 Exemplaren mit 160.000 verschiedenen Titelvarianten, so dass jeder Abonnent und Käufer ein Unikat erhielt. In Werbung und Marketing ist das Handlungsmuster ebenfalls weit verbreitet und will *Marken ein Gesicht geben*. Personen, die für eine Marke stehen und die Attribute der Marke verkörpern sollen, können hierbei Resultat eines Castings sein wie die berühmte Werbefigur *Dr. Best* für die gleichnamigen Zahnpflegeprodukte. Der Chicagoer Zahnarzt James Earl Best wurde 1988 als Markenfigur ausgewählt, um einem Wegwerfprodukt wissenschaftliche Seriosität und Wiedererkennung im Wettbewerb zu verschaffen. Als Best 2002 starb, wurde seine Rolle mit neuen Darstellern weitergeführt. Die Personalisierung der Marke hat hier also inzwischen sogar zu einer Ikonisierung geführt. Aber auch authentische Personalisierungsstrategien sind im Marketing häufig vertreten, sei es Claus Hipp, der als Eigentümer und Chef seines Unternehmens die Markenphilosophie persönlich verkörpert und in TV-Spots Babynahrung bewirbt, oder Dieter Zetsche, der in seiner Zeit als CEO von DaimlerChrysler USA in der Werbung als seine eigene Comicfigur mit dem Slogan *ask Dr. Z* auftrat.

Die strategische Leistung des Handlungsmusters liegt bei der Individualisierung in der *Integration des Kunden in die Wertschöpfungsprozesse*[1] und bei der Verkörperung im Effizienzgewinn von immateriellen Transaktionen: die Person als Gefäß und Sammelbehälter von Inhalten und Botschaften macht deren Vermittlung schneller und erinnerbarer. ar

Durch Filterprogramme werden dem Nutzer bei google automatisch Anzeigen präsentiert, die seine Suchbegriffe enthalten

Dr. Dieter Zetsche verkörpert die Marke Chrysler

Anzeige der Agentur KNSK
für die SPD nach der Nominie-
rung von Edmund Stoiber

Feindbilder mobilisieren. Polarisation als unverzichtba-
re Strategie einer jeden ideo-
logischen Propaganda

[1] Die volkswirtschafliche Pola-
risationstheorie |siehe Joseph
Schumpeter, Gunnar Myrdal,
Albert Otto Hirschmann| glaubt
nicht an die unsichtbare Hand
der Märkte, die Ungleichge-
wichte aus sich heraus besei-
tige. Sie geht von einer
natürlichen Neigung der Märkte
zur Polarisation je nach
den wirtschaftlichen Entwick-
lungsstadien aus, die entweder
bestimmte Branchensektoren
oder bestimmte Regionen in die
Rolle von Wachstumsmotoren
oder Schlüsselindustrien er-
heben und somit eher ein kon-
tinuierliches Ungleichgewicht
aufweisen, das allerdings
sektoral und regional über die
Zeit wandert und den Anschein
von Gleichgewicht historisch
herstellen kann

Im Unterschied zum naturwissenschaftlichen oder auch volkswirt-schaftlichen[1] Verständnis von Polarisation bezeichnet Polarisierung ein strategisches Handlungsmuster, das eigene Positionen und Ziele durchsetzen will, indem nicht für diese Positionen und Ziele argumentiert und gearbeitet wird, sondern vielmehr gegen deren Gegenteil. Die Polarisierung erschafft oder erwählt einen Antipoden, ein Feindbild, dessen Positionen und Ziele den eigenen diametral gegenüberstehen und greift diese Gegenposition an. Der strategische Vorteil besteht darin, nicht für etwas werben zu müssen, das man dann nur noch verteidigen kann, sondern sogleich gegen etwas mobilisieren zu können und somit in der Offensive zu sein. Angriff gilt im Volksmund als *die beste Verteidigung*. Neben den strategischen Vorzügen der Initiative gegenüber der Reaktion |siehe FIRST MOVER| nutzt die Polarisierungsstrategie eine anthropologische Konstante, nach der es Menschen offenbar leichter fällt, zu entscheiden, was sie nicht wollen, als zu entscheiden, was sie wollen. In Mythologie und Religion wird der richtige Weg immer auch ex negativo mit dem Grauen des entgegengesetzten und falschen Weges beschworen |Gott und Teufel, Horus und Seth|, Polarisierung und Antagonismen sind Standard in allen Formen der ideologischen Rhetorik.

In der Politik scheint Polarisierung so verbreitet und normal zu sein, dass man von einer Standardstrategie sprechen muss, die in allen Wahlkämpfen angewandt wird. Ein bekanntes Beispiel ist Gerhard Schröders knapper Wahlsieg in der Bundestagswahl 2002, den er neben der Flutkatastrophe vor allem seiner ex machina Positionierung gegen einen Krieg im Irak verdankte, der noch gar nicht begonnen hatte. Aber auch unabhängig von Personen bildet Polarisierung auf der Ebene von Administrationen und Systemen in der Politik ein fundamentales Prinzip der Legitimation. Wie stark der Kapitalismus in seiner Legitimationsbasis den Polarisierungsgegner Kommunismus benötigt hat, zeigte sich sehr rasch nach dem Fall der Mauer und dem Zusammenbrechen der Sowjetunion.

In der Wirtschaftsgeschichte kennen wir die Polarisierungsstrategie hauptsächlich aus den großen Duopolen wie Coca-Cola und Pepsi-Cola, die immer wieder ex negativo für sich selbst geworben haben, indem sie den anderen in schlechtem Licht erscheinen ließen. Besonders beliebt ist die Polarisierung aus der Position der Schwäche heraus, die nach dem Muster David gegen Goliath z. B. von Apple gegen Microsoft gespielt wurde. Auch der Volksmund kennt die Polarisierung, indem er eigenes Wollen durch das extreme Gegenteil veranschaulicht und *den Teufel an die Wand malt*, um die Menschen auf die gegenüberliegende Seite zu ziehen. zi

Mit seinem entschiedenen Auftreten gegen den Irak-Krieg rückte Gerhard Schröder seine Konkurrentin Angela Merkel in die Rolle eines Kriegsbefürworters und nahm ihr im Wahlkampf 2002 entscheidende Wählerstimmen ab

Der Künstler Banksy setzt den Schrecken der Überwachung durch Polarisierung mit einer idyllischen Landschaft in Szene

Popsängerin und Stil-Ikone Lady Gaga: *den Leuten immer wieder ein Image in den Kopf drillen*

[1] Richard David Precht: Wer bin ich und wenn ja, wie viele? München 2007
[2] The Lonely Crowd. New Haven 1950
[3] Zit. n. SPEX: Ausgabe 9|10. 2009

<u>Wer bin ich und wenn ja, wie viele?</u> Mit diesem Buch landete der Philosoph und Publizist Richard David Precht 2007 einen Bestseller, in dem er sich damit auseinandersetzt, was die Persönlichkeit eines Menschen ausmacht und wie sie sich entwickelt.[1] Der große Erfolg des Buchs beruht auch darauf, dass es seinen Lesern ein Bedürfnis war, mehr über sich selbst zu erfahren und zu wissen, wie man sich selbst optimieren kann. Denn der Einzelne versucht permanent, seinen inneren Antrieb mit den äußeren Erwartungen in Einklang zu bringen. Dabei befindet er sich mit seinen Stärken und Schwächen im Wettbewerb mit anderen Menschen, die sich im Markt der Aufmerksamkeiten über Einstellungen, Standpunkte und Attitüden zu behaupten versuchen.

Der US-amerikanische Soziologe David Riesman beschrieb 1950 in <u>The Lonely Crowd</u> die Prototypen des *innen- oder außengeleiteten Menschen*[2]. Der erste Typ entspricht einem angebotsorientierten, der zweite einem nachfrageorientierten Sozialverhalten. Während sich der Eine nach klaren Regeln durchs Leben steuert |wie z. B. einer Religion|, passt der Andere sein Verhalten wie ein Chamäleon situativ an. Positionierung findet also sowohl im Verhältnis zu sich selbst als auch im Verhältnis zu anderen statt. Die Position wird im Spannungsfeld zwischen eigenen Stärken und Schwächen sowie denen der Wettbewerber festgelegt.

Als bewusste Handlung bildet die Positionierung Menschen, Parteien, Unternehmen oder Organisationen ein Muster zur Absicherung von Standpunkten und mehr noch der Entwicklung von Potenzialen. Sofern die eigene Positionierung nur das Selbstbild reflektiert und Wunschbilder produziert, hat sie keinen strategischen Rang. Der strategische Nutzen entsteht aus der Wahl einer Position, die es ermöglicht, mit den gegebenen Stärken einen Wettbewerb führen zu können, um so die Gunst der Öffentlichkeit, Konsumenten, Wähler oder bestimmter Mitmenschen für sich zu gewinnen.

Vor David Riesman hat 1939 der deutsche Werbepsychologe Hans Domizlaff in seinem Buch <u>Die Gewinnung des öffentlichen Vertrauens. Ein Lehrbuch der Markentechnik</u> die Positionierung als strategische Grundlage von Distinktion und Wiedererkennung im Wettbewerb und damit der Markenführung entdeckt und als Schu-

Mönche positionieren sich nicht, sie folgen einem inneren Kompass: ihrer Religion, die ihnen eine klare Richtung vorgibt, deren Befolgung mit der Aussicht auf das Paradies belohnt wird

le begründet. Heute stehen eine Fülle unterschiedlicher Instrumente und Methoden bei der Anwendung des Handlungsmusters im professionellen Marketing bereit. Standard jeder Positionierung ist der Versuch, eine einzigartige Stärke, die *value proposition*, und den unverwechselbaren Nutzen für die Zielgruppe, die *unique selling proposition* |USP|, zu formulieren. Im Kampf um Aufmerksamkeit, Wiedererkennung und attraktive Positionierungsfelder werden Positionierungsmerkmale, -zeichen und -symbole gerne unablässig wiederholt |siehe REDUNDANZ|.

1907 schuf Peter Behrens bei der deutschen AEG mit einer einheitlich sachlich modernen Formensprache aller Güter etwas, das heute als corporate identity bezeichnet wird. Behrens erkannte, wie wichtig die Selbstdarstellung eines Unternehmens für seinen Absatz ist. Geistige Nachfolger Behrens' gibt es heute viele, auch in der Popkultur. So entwarf die US-amerikanische Sängerin Lady Gaga zunächst ihren Stil, bevor sie überhaupt einen Popsong aufnahm, wie sie im Interview betonte: *Man muss den Leuten ein Image immer und immer wieder in den Kopf drillen, bis sie es nicht mehr vergessen. Wenn Sie sich Fotos aus dem ersten Jahr meiner Karriere anschauen, nach der Blondierung: Ich trug immer dasselbe Outfit. Es bestand aus einem schwarzen Vinyl-Catsuit |...| sowie einem Blazer von Martin Margiela. Dazu Goldketten, ein Paar Lackstiefel von Burberry, mein weißer Pony und die schwarze Versace-Sonnenbrille. |...| Dieser Look ist ikonisch. An den kann man sich erinnern. |...| Ich habe ihn mir so erfolgreich angeeignet, dass ihn jetzt jeder mit Lady Gaga in Verbindung bringt.[3]* mf

Am 9. November 1989 verkün-
dete Hanns Joachim Friedrichs
um 22.42 Uhr in den Tages-
themen, die DDR habe mitge-
teilt, dass ihre Grenzen
ab sofort für jedermann offen
seien. Die Tore in der Mauer
seien weit offen. Dieser Satz
mobilisierte Hunderttausen-
de Bürger aus Ost und West,
erst jetzt kam es wirklich
zum Ansturm auf die Mauer und
das Brandenburger Tor

Der heimliche Star der Fußball-WM 2010 war kein Fußballer, sondern eine Krake namens
Paul. Acht von acht Spielen
sagte sie richtig voraus. Die
Wahrscheinlichkeit für diese
makellose Bilanz liegt bei gerade einmal 0,4 Prozent. Bei
der Prophezeiung standen Paul
zwei Boxen zur Verfügung,
die für ihn die Gegner des
jeweiligen Matches darstell-
ten. Sieger wurde immer jene
Mannschaft, aus deren Box
das Orakeltier Miesmuscheln
nahm. Nachdem der prognosti-
zierte Finalsieg der Spanier
dann tatsächlich eintraf,
bot die Gemeinde Carballiño
30.000 Euro für den Kauf der
Krake. Wie Paul zu seinen
Vorhersagen gelangte, bleibt
indes ein Rätsel

In das große Deutschland überführen wird er | Brabant und Flandern, Gent, Brügge und Bologne | der falsche Waffenstillstand, der große Fürst aus Armenien | er wird Köln und Wien angreifen. Diese Prophezeiung des Nostradamus wurde von Joseph Goebbels manipuliert und zugunsten der Nazis instrumentalisiert. Goebbels ließ neue Nostradamus-Ausgaben drucken, in denen der Fürst nun nicht mehr aus Armenien, sondern aus Arminien kam und als Verklärung des Führers im Geiste Armins des Cheruskers interpretiert werden konnte. *Der falsche Waffenstillstand* war in der Lesart der Nazis natürlich der Versailler Vertrag von 1918. Anhand dieser kleinen Anekdote lässt sich die Propagandawirkung erahnen, die als Prophezeiungen getarnte Aussagen entfalten können. Ein ähnliches Beispiel bietet die als Autoaufkleber bekannte Weissagung der Cree, die weder von den Cree noch den Hopi stammt, vielmehr überhaupt nicht indianischen Ursprungs ist, sondern mit Kalkül Indianern als einem verklärten Idealbild des weisen Naturvolks zugeschrieben wurde. Das Statement wurde von Journalisten der frühen Umweltbewegung, inspiriert durch den Club of Rome Report Die Grenzen des Wachstums, aus Wortfetzen unterschiedlicher Quellen kompiliert und diente Millionen Menschen weltweit als Artikulation ihrer Kritik an der Wachstums- und Überflussgesellschaft.

Die strategische Leistung des Handlungsmusters liegt in der Förderung der Wahrscheinlichkeit erwünschter Szenarien, die ihrerseits abhängig ist von der Frage, für wie wahrscheinlich die beteiligten Menschen das Szenario halten. Je mehr Menschen glauben, dass ein prophezeites Szenario eintreten wird, desto mehr werden sich auch entsprechend verhalten und so das Szenario selbst einlösen helfen. Dieser als self-fulfilling prophecy bekannte Zusammenhang wurde erstmals von dem amerikanischen Soziologen Robert K. Merton erkannt und beschrieben ·1948· und bildet ein bekanntes Phänomen der Sozialpsychologie. Menschen sind Herdentiere und orientieren sich aneinander. Sie glauben meistens das, was die meisten glauben. Den Anstieg und Abfall einer solchen Glaubenskurve konnte man beispielhaft an der Prophezeiung der Schweinegrippe studieren, die über Nacht und weltweit als Schreckgespenst und Pandemie eskalierte, ehe sie dann von der Mehrheit der deut-

POSITION	SICHERN	ENTWICKELN	VERMITTELN

POTENZIAL	SICHERN	ENTWICKELN	VERMITTELN

schen Bevölkerung in dem Moment nicht mehr ernst genommen wurde, als millionenfacher Impfstoff zur Verfügung stand. Die Prophezeiung kommender Gefahren ist seit alters her eine beliebte Verkaufsstrategie all jener, die von der Gefahrenbekämpfung leben. Die Prophezeiung hat den strategischen Vorzug, bei der Gestaltung von Meinung nicht auf das Wissen der Menschen einwirken zu müssen, sondern nur auf deren Glauben. Der Glaube an Hellseher oder an die Weisheit der Cree ist dabei ebenso naiv wie der an eine wissenschaftliche Studie oder These, die man nur vom Hörensagen kennt. Glaube ist in diesem Kontext fast immer Aberglaube, und Aberglaube ist eine starke Droge, die tatsächlich auch physische Wirkungen auslösen kann, wie der sogenannte *Baskerville-Effekt* belegt, eine signifikante Häufung von amerikanischen Herztoten japanischer oder chinesischer Abstammung jeweils am 4. eines Monats. Die 4 ist in Japan und China eine Unglückszahl, in beiden Sprachen werden die Wörter für vier und Tod nahezu gleich ausgesprochen. Die Prophetie des Datums lässt offenbar häufiger sterben als normalerweise.

Wahrscheinlichkeitsförderung durch Prophezeiung instrumentalisiert zunächst einen unabhängigen Dritten |third party endorsement|, einen glaubwürdigen Zeugen, der für die Zukunft jenes Szenario vorhersagt, das man sich selber wünscht, und dessen Bekanntheit und Autorität in der Zielgruppe sicherstellt, das sein Zeugnis als wahrhaftig und wahrscheinlich angesehen wird. Das ist der eigentlich strategische Akt, den richtigen Propheten zu wählen. Anschließend gilt, was in Folge von Mertons <u>Social Theory and Social Structure</u> als Thomas Theorem der Sozialpsychologie formuliert wurde: *If men define situations as real, they are real in their consequences* |William Isaac Thomas|. Das Handlungsmuster Prophezeiung sichert Positionen, Vorurteile und vermittelt sie gegenüber anderen. zi

Weissagung der Cree

Die immense Bedrohung durch die Schweinegrippe erwies sich als geplatzte self-fulfilling prophecy

Die pure Provokation: Die Single God Save The Queen der Sex Pistols. Diese Provokation war jedoch keine Strategie, sondern bloßes Vehikel einer radikalen Selbstinszenierung als Außenseiter der Gesellschaft

Der berühmteste Kopftreffer der Fußballgeschichte – ausgelöst durch gezielte Provokation. Der italienische Nationalspieler Marco Materazzi provoziert im Endspiel der Fußball-WM 2006 seinen Gegenspieler Zinédine Zidane mit Beleidigungen über Zidanes Familie. Dieser verliert die Beherrschung und streckt Materazzi mit einem Kopfstoß vor die Brust nieder. Zidane erhält einen Platzverweis. Italien gewinnt das Spiel und wird Weltmeister

[1] vgl. Rainer Paris: Stachel und Speer. Machtstudien. Frankfurt 1998
[2] Tsunetomo Yamamoto: Hagakure. The Way of the Samurai. Tokyo 2001

Mai 1977: Die britische Königin Elisabeth II. feiert ihr 25-jähriges Thronjubiläum. Zeitgleich veröffentlicht die Punkband Sex Pistols die Single God Save The Queen. Der Liedtext ist die pure Provokation. Nicht nur von Anarchie und No Future ist die Rede. Schon in der ersten Zeile reimt sich Queen auf fascist regime. In der britischen Gesellschaft, für die die Verbrechen Nazi Deutschlands noch präsent sind, ist dies mehr als ein Affront. Doch die Band legte nach: Am Tag des Jubiläums mietet sie sich ein Boot und spielt den Song live auf der Themse vor dem Westminster-Palast. Als die Wasserpolizei sie schließlich verhaftet, sind die Kameras der Presse auf sie gerichtet – dafür hatte die Band vorab gesorgt. Ein handfester Skandal und zugleich ein Karrieren Motor für die Sex Pistols: God Save The Queen stürmte in den Wochen darauf die Spitze der Charts.

Heute nicht mehr als eine musikhistorische Anekdote, verdeutlicht das Beispiel die erforderlichen Rahmenbedingungen einer erfolgreichen Provokation. Als manipulative Strategie setzt sie auf die gezielte Überschreitung normativer Grenzen und den Bruch mit Konventionen. Der Provokateur beabsichtigt, bei seinem Gegenüber eine Reaktion auszulösen, die ohne Provokation nicht eingetreten wäre. Den Auslöser dafür sieht Rainer Paris[1] in dem durch den Normbruch erzielten offenen Konflikt, der den Provozierten moralisch diskreditiert. Die Provokation zwingt ihn förmlich dazu, die zerstörte Balance durch seine Gegenreaktion wieder herzustellen. Als strategisches Handlungsmuster ist die Provokation deswegen anspruchsvoll, weil sie die genaue Kenntnis des Gegners und seines Wertesystems |seines wunden Punktes| voraussetzt. Dem Provokateur verlangt sie zudem ein hohes Maß an Kalkül ab.

Das strategische Ziel der Provokation ist es, den Gegner zu unüberlegtem Handeln zu verleiten. Er soll dazu gebracht werden, Fehler zu machen, die den Provokateur in eine überlegene Position bringen. Im Hagakure[2], dem Ehrenkodex der japanischen Samurai, wird dieses strategische Muster bereits beschrieben: Beleidigungen und Herabwürdigungen sollen den Gegner in hochemotionalen Gefechtssituationen dazu verleiten, durch blinde Vergeltungsaktionen seine Deckung aufzugeben und sich dem Angreifer ungeschützt zu präsentieren. Selbst bei genauster Kenntnis des Gegners bleibt

POSITION	SICHERN	ENTWICKELN	VERMITTELN

POTENZIAL	SICHERN	ENTWICKELN	VERMITTELN

eine Provokation riskant. Denn die gegnerische Reaktion ist oft nur schwer antizipierbar und kaum planbar. Eine unbeantwortete Provokation kann zudem negativ auf den Provokateur zurückfallen und ihn in den Augen Dritter diskreditieren – den Gegner hingegen in seiner Position stärken.

Die Provokation ist eine besonders ressourcenschonende Strategie. Sie kann mit geringem Einsatz große Wirkung erzielen. Im gesellschaftspolitischen Kontext wird sie daher auch als *Waffe der Schwachen* bezeichnet und in Konflikten angewandt, die durch ein starkes Machtgefälle der gegnerischen Akteure gekennzeichnet sind. In der politischen Protestkultur etwa wird sie dazu genutzt, den Provozierten |anstelle des Provokateurs| als Normbrecher dastehen zu lassen. Eine extreme Anwendung findet sich im deutschen Terrorismus der 1970er Jahre. Er sah in der Provokation ein probates Mittel, den Staat dazu zu bringen, sein wahres *repressives Gesicht* zu offenbaren. Aber auch die Mächtigen bedienen sich der Provokation als opportunes Mittel, um Sanktionsanlässe zu schaffen. So sollten die Mitglieder der Black Panther Party durch die Schikane des FBIs zu verbotenen Aktionen provoziert werden und dem Staat dadurch eine Legitimation für die Zerschlagung der Organisation liefern. mk

Am 28. September 2000 besucht Ariel Sharon den arabisch verwalteten Tempelberg in Jerusalem. Die daraus erwachsenen Unruhen mündeten in die Zweite Intifada, in deren Folge die israelische Regierung ihre umstrittene Siedlungspolitik wieder aufnimmt und das Westjordanland mit einer 750 km langen Sperranlage umschließt

Push- und Pull-Rollenbilder in der Kunst des Werbens um das weibliche Geschlecht. Gregory Peck als Typ des Verführers, John Wayne als Eroberer

Die Firma Intel führte mit der Bestandteilmarke Intel Inside 1991 erstmals eine Pull-Strategie für die Prozessor-Komponente eines PCs ein. Mit dem Gütesiegel-Charakter der Bestandteilmarke gelang es Intel, das tatsächliche Produkt zu überschatten und eine Nachfrage nach Computern mit Intel Prozessoren zu generieren und so den Marktanteil massiv auszuweiten

Push- und Pull-Strategien bezeichnen zwei gegensätzliche Herangehensweisen, in anderen ein Interesse für ein Produkt, einen Menschen oder jegliches Andere zu erzeugen. Die Push-Strategie ist dabei durch offensives, direktes Herangehen und den Versuch der Überzeugung gekennzeichnet. Die Pull-Strategie dagegen versucht, durch subtile Beeinflussung den Wunsch nach einem Objekt oder einer Person zu erzeugen. Während die Push-Strategie also zu überwältigen versucht, ist das Ziel der Pull-Strategie, Handlungsmotivation aus Sehnsucht zu schaffen.

Aus gesellschaftlicher Sicht erleben wir Push- und Pull-Strategien häufig bei der Partnersuche. Typische Rollenmodelle sind in diesem Zusammenhang der Eroberer und der Verführer. Der Eroberer versucht die Dame seiner Wahl durch Hartnäckigkeit und Präsenz sowie den Einsatz von Macht und Autorität von seinen Vorzügen zu überzeugen und ihren Widerstand zu brechen. Gelingt dies, kommt es einer Eroberung gleich. Besonders im Mittelalter war eine derartige Eroberung auch unter Gewaltanwendung ein völlig legitimes Mittel, sich eine Partnerin zu suchen. Umgekehrt versucht der Verführer, sich selbst durch Mundpropaganda, eine vorteilhafte Eigendarstellung und oft schmeichelhaftes Wesen unwiderstehlich zu machen. Auf diese Weise kann auch moralische Verantwortung abgegeben werden, denn der vermeintliche Impuls, auch wenn dieser von langer Hand vorbereitet war, geht nicht vom Verführer, sondern von der Verführten aus. Beide Strategien bergen Risiken, in der Push-Strategie kann sich die ausgewählte Person überwältigt fühlen, während in der Pull-Strategie die nur indirekte Einflussnahme eine Erfolgsaussicht verringern kann. Aus landeskultureller Sicht wird die Rolle des Eroberers häufig den Amerikanern zugeschrieben, während die Verführer eher in Europa, insbesondere Frankreich, Italien und Spanien verortet sind.

Auch der Staat kann diese Strategien für sich nutzbar machen. Stehen bspw. unangenehme Steuererhöhungen an, kann durch gezielte Kommunikation auf finanziell bedingte Missstände in der Sozialpolitik hingewiesen werden. Ziel wäre in diesem Fall, das soziale Gewissen der Bürger durch periphere Bespielung dazu anzuregen, eine Erhöhung der Steuern für sinnvoll zu erachten, bevor

POSITION	SICHERN	ENTWICKELN	VERMITTELN

POTENZIAL	SICHERN	ENTWICKELN	VERMITTELN

der Vorschlag durch den Staat selbst erfolgt. Aus wirtschaftlicher Sicht kommen Push- und Pull-Strategien im Kommunikationsfluss innerhalb eines Vertriebsweges zum Einsatz. Die Verwendung einer Push-Strategie bezeichnet die vertriebsorientierte Kommunikation zur nächst niedrigeren Stufe im Vertriebsweg | z. B. Promotion-Aktivitäten vom Hersteller zum Großhändler |. Dabei spielen klassische Verkaufsaspekte eine wichtige Rolle, da das Produkt innerhalb des Vertriebsweges bis zum Konsumenten gedrückt werden soll. Ein Angebot wird auf diese Weise im Markt platziert und durch entsprechende Verkaufsmaßnahmen gestützt. Der Vorteil für den Hersteller liegt hier im Eigeninteresse des nächst niedrigeren Partners im Vertriebsweg, das Produkt gewinnbringend weiterzuverkaufen.

In umgekehrter Logik versucht die Pull-Strategie, Nachfrage direkt im Markt zu erzeugen und die Partner im Vertriebsweg damit in Zugzwang zu setzen. Auf diese Weise wird eine Art Vertriebsvakuum erzeugt, in das sich die Nachfrage des Marktes explosiv entlädt, wenn sie vorher aufgestaut wurde. Häufig werden Push- und Pull-Strategien kombiniert, indem Hersteller einerseits durch Verkaufsaktionen und Werbeunterstützung einen Push im Vertriebsweg erzeugen und gleichzeitig durch großflächige Werbemaßnahmen einen Pull durch Konsumenten generieren. Der Vorteil ist hier, dass die durch den Pull erzeugte Nachfrage durch die Push-Strategie im Vertriebsweg auf ein ausreichendes Angebot stößt und so die Effektivität des Vertriebsweges optimal ausnutzt. km

Es ist die Sehnsucht, die den Wanderer Caspar David Friedrich in die Ferne zieht

Henkel bedient sich zur Vermarktung des Waschmittels Persil seit Jahrzehnten der Sehnsucht nach Reinheit und blütenweißer Wäsche

Redundanz der Regulierung im Straßenverkehr

Redundanz als Doppelversicherung für Bergsteiger

Redundanz der Symbole im Massenerlebnis

Doppelt gemoppelt hält besser, sagt der Volksmund und meint damit eine bewusste Doppelbelegung von Funktionen mit mindestens zwei Funktionsträgern zwecks Erhöhung von Sicherheit und Haltbarkeit. Auch in der militärischen Logistik und bei technischen Systemen ist Redundanz eine Versicherung gegen den Ausfall des jeweils erstbelasteten Funktionsträgers, eine Risiko minimierende Maßnahme und ein Nachhaltigkeitsfaktor zugleich. Neben dieser Leistung des Handlungsmusters im Sinne einer Ausfallversicherung kennt der Volksmund auch die Vorzüge des *immer in die gleiche Kerbe schlagen*, eine Form von Redundanz über die Zeit. In der engeren Bedeutung des Begriffs bezeichnet Redundanz nur die synchrone Repetition, also die Wiederholung von Etwas zu einem Punkt in der Zeit. Zeitversetzte Wiederholung ist Rhythmus, der in seiner Monotonie ebenfalls strategische Wirkung entfalten kann. Redundanz über die Zeit ist ein konstituierendes Prinzip der Pädagogik zur Absicherung des Lernerfolges gegen mangelnde Konzentration oder Vergessen, aber bspw. auch der Markenführung und Werbung, um die Annahmewahrscheinlichkeit von Informationen und Botschaften in der Zielgruppe zu erhöhen.

David Ogilvy empfiehlt 1963, man solle alles daran setzen, dass der Verbraucher sich *an das Produkt erinnert, für das Ihr Spot wirbt. Wiederholen Sie den Namen immer wieder. Zeigen Sie ihn auch geschrieben und zeigen Sie auch die Packung, an die sich der Käufer im Geschäft erinnern soll*.[1] Ogilvy hatte auf Basis der Marktforschung von Gallup auch bereits früh die Notwendigkeit von Text- und Bildredundanzen erkannt und war sich sicher, der Verbraucher wird *etwas, was Sie ihm nur sagen, ohne es auch zu zeigen, sofort wieder vergessen*.[2]

Wiederholung kann aber auch ermüdend sein. Wenn sie übertrieben wird und eine Zielgruppe in ihrer Aufnahmebereitschaft und -geschwindigkeit unterschätzt wurde, dann erleben wir Redundanz als etwas Überflüssiges. Der Sender hat sich sozusagen übersichert und seine Strategie schlägt um ins Kontraproduktive. Dies ist bspw. auch der Fall beim Pleonasmus, einer rhetorischen Stilfigur der nachdrücklichen Veranschaulichung von Botschaften durch Wiederholung. Der *weiße Schimmel* bietet aber keinen höheren Informationsgehalt als der Schimmel und verärgert in der Regel

[1] David Ogilvy: Geständnisse eines Werbemannes. Erg. und überarb. Aufl. Düsseldorf 1975
[2] ebd.

POSITION	SICHERN	ENTWICKELN	VERMITTELN

POTENZIAL	SICHERN	ENTWICKELN	VERMITTELN

mehr Zuhörer durch Zeitverschwendung als er bei den wenigen erreicht, die dieser Redundanz zum Verständnis bedurften. Die gezielte, monotone und ritualisierte Wiederholung von Botschaften ist in der politischen Rhetorik seit der Antike bekannt, um andere durch Hartnäckigkeit von eigenen Positionen zu überzeugen oder zumindest bis zur Aufgabe von Widerstand zu ermüden. Der römische Senator Cato schloss seine Wortmeldungen im Senat über mehrere Jahre immer wieder mit dem berühmten Satz *ceterum censeo carthaginem delendam esse* ab, bis er sein Ziel erreichte und Karthago endgültig zerstört wurde.

In der Genetik und Verhaltensbiologie versteht man Redundanz als Selbsterhaltungsstrategie in selbstorganisierenden Systemen wie Insektenvölkern, aber auch in der Evolution insgesamt. Die Mehrfachbelegung der DNA mit Erbinformationen bildet auf der Ebene der Evolution eine Strategie zur Streuung von Risiken und Erhöhung der Chancenausbeute.

Durch Redundanz oder Polyrepräsentation werden also stets Positionen und Potenziale gesichert, indem ihre lebenserhaltenden Funktionen doppelt und mehrfach belegt werden. Die Tilgung von Redundanzen entspricht damit immer einem Effizienzgewinn, den wir bspw. aus der Technik der Datenkompression kennen, die seit Claude Elwood Shannon und seinem Buch <u>A mathematical Theory of Communication</u> ·1948· die Wahrscheinlichkeit und Dichte von Redunanzen in Datenpaketen menschlicher Kommunikation berechnen kann, so dass sie vor der Datennutzung heraus- und danach wieder hereingerechnet werden können. Redundanz ist eine langsame und wenig effiziente Strategie bei geringen Sicherheitsbedürfnissen, siehe das afrikanische Sprichwort: *Wenn Du sicher reisen willst, reise mit vielen, wenn Du schnell reisen willst, reise allein.* zi

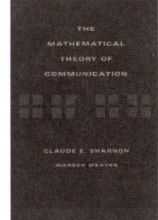

Künstlerische Intervention als Aufruf zu Reformen von Milan Mijalkovic für die Stadt Skopje in Mazedonien

Reform ist die Strategie, einem sich ankündigenden Veränderungsdruck einen selbst initiierten und inszenierten Wandel entgegenzusetzen. Man ändert, um nicht geändert zu werden. Das Konzept der Reform wurde von Staatsmännern und Politikern mit dem Ziel entwickelt, Revolutionen vorzubeugen und Kontrolle über unvermeidliche Veränderungsprozesse in der Gesellschaft zu behalten. Ein berühmtes Beispiel für die Reform als Gegenrevolution sind die Preußischen Reformen unter Stein und Hardenberg ab 1807. Sie waren einerseits gedacht, den Gärungsprozess revolutionärer Stimmung im Land zu unterbinden und sollten andererseits in der Wissens- und Wirtschaftsentwicklung für eben jenen Schwung sorgen, den die Revolution in Frankreich entfaltet hatte: *Alle schlafenden Kräfte wurden geweckt*, notierte von Hardenberg. Die strategische Leistung besteht hier sowohl in der Vermeidung unerwünschter Veränderungen als auch in der Erzeugung von erwünschten.

Da Politik in Permanenz mit gesellschaftlichen, technologischen und globalen Veränderungen unter Druck gesetzt wird, sind Reformen als Stereotyp des change managements auf der Ebene des Staates längst habituell und inflationär geworden. Die Politik hat auch kaum eine strategische Alternative, es sei denn *the art of muddling through*, aber das ist Kunst und nicht Strategie. Der strategische Kern der politischen Reform liegt in der Kanalisierung bereits vorhandener Kräfte eines Wandels, wobei die Stoßrichtung des Wandels allenfalls adjustiert, aber nicht stark verändert werden kann.

Das aus dem mittelalterlichen Begriff von Reform als einer Reinigung von Missständen und Rückführung zu alter Ordnung hervorgegangene Verständnis interpretiert Reform demgegenüber als Rückzug vor Veränderungsdruck, also als restaurative Ideologie. Die wird besonders deutlich in der sogenannten *Lebensreform Bewegung* ab Mitte des 19. Jahrhunderts und ihren Reflexen gegenüber dem Veränderungsdruck der Industrialisierung. Die Lebensreformer setzten dem industriellen Wandel keinen eigenen Wandel entgegen, sondern suchten Nischen, in denen sich die Zeit zurückdrehen ließ. Die bekannten *Reformhäuser* fristeten über Jahrzehnte ein Schattendasein in den Nischen der Überflussgesellschaft, ehe dann

[1] siehe dazu Christian Graf von Krockow: Reform als politisches Prinzip. München 1976 und Ralph Bollmann: Reform. Ein deutscher Mythos. Berlin 2008

POSITION	SICHERN	ENTWICKELN	VERMITTELN

POTENZIAL	SICHERN	ENTWICKELN	VERMITTELN

andere das Potenzial der Nische als neuen Markt für Bioprodukte erkannten. Reform als Rückbesinnung und Rückführung ist immer eine defensive und schwache Strategie.

Der wichtigste Erfolgsfaktor bei Reformen im Sinne eines kanalisierten Veränderungsdrucks ist Timing. Auf der Ebene des Staates gilt, dass Reformen, die ja generell Wandel statt Bruch anstreben, auch allmählich implementiert werden sollten, um Reformgegner zu beschwichtigen und Mehrheiten mitzunehmen, dann aber auch rasch abgeschlossen sein müssen, bevor sich Reformopfer zum Widerstand formieren können. Radikale Reformen wie die zumindest als solche wahrgenommene Agenda 2010 von Gerhard Schröder verfehlen zumeist den Erfolg, weil die Reformopfer die Wucht der Reform zu schnell verspüren und entsprechend frustriert reagieren. *Radikalismus und Resignation* sind *Zwillinge*, bemerkt von Krockow dazu.[1] Die gute Reform arbeitet mit Augenmaß und eher nach dem Motto: Der Weg ist das Ziel. zi

Die Umwälzung der Planetenbahnen als einzig regelmäßige
Revolution

It's time for another re-
volution. Dacia-TV-Spot zur
Bewerbung eines revolutionär
günstigen Autos

Der Maulwurf als Symbol der
Revolution nach Karl Marx. Subversive Aktionen im Untergrund führen der Revolution an
der Oberfläche immer wieder
neue Nahrung zu

Der Begriff Revolution meint eine grundlegende Umwälzung der sozialen und politischen Verhältnisse. Ursprünglich stammt er aus der Astronomie: die Umwälzung der Planetenbahnen. Im 17. Jahrhundert wurde er in die Politik übertragen. Längst ist es aber üblich geworden, von Revolution auf so ziemlich allen denkbaren Gebieten zu sprechen: von der neolithischen über die industrielle bis zur digitalen Revolution. Vor allem durch die französische Revolution von 1789 und die russische Oktoberrevolution von 1917 wird bei dem Begriff immer auch an Gewalt und Terror gedacht. Barrikaden, der Sturm auf öffentliche Gebäude und die zeittypischen Hinrichtungsmethoden wurden zu Symbolen der Revolution. Karl Marx sprach gern vom *Donnergrollen* der Revolution und verherrlichte sie als *alten Maulwurf*, der nach Jahren im Untergrund immer wieder seinen Weg an die Oberfläche findet. Die Rhetorik der Revolution bekam dadurch einen geheimnisumwitterten, verschwörerischen Zug. Die entscheidende Bedeutung aber blieb die Vorstellung einer großen, unaufhaltsamen, gleichsam notwendigen Umwälzung, so wie die Planeten ja auch unbeirrbar ihre Bahnen ziehen.

Die friedlichen oder *samtenen* Revolutionen in Osteuropa in den Jahren 1989 bis 1991 haben diesen Eindruck aber verwischen können und die alte Bedeutung der grundlegenden Umwälzung ohne Revolutionsromantik und Revolutionsfolklore rehabilitiert. Spieltheoretisch lässt sich eine Revolution als grundlegende Änderung der Spielregeln definieren. In der Technik kann dies durch radikale Innovationen geschehen, in der Wirtschaft durch die Entwicklung vollkommen neuer Produkte, so z. B. bei der Energieerzeugung. Neue Technologien zur Energiegewinnung aus regenerativen Quellen wie Sonne, Wind und sogar Algen revolutionieren und erweitern die Energieproduktion aus bislang konventionellen Energieträgern wie Kohle und Uran.

Der englische Militärhistoriker Geoffrey Parker ist der Meinung, dass die militärische Revolution der modernen Feuerwaffen den Aufstieg und die Vorherrschaft des Westens zwischen 1500 und 1800 ermöglicht habe. Diese brachte die Notwendigkeit einer ausgedehnten Rüstungsindustrie und einer zentralen Organisation mit sich. Entscheidend ist, dass ein großer Schritt vollzogen wird. Wer

POSITION	SICHERN	ENTWICKELN	VERMITTELN

POTENZIAL	SICHERN	ENTWICKELN	VERMITTELN

revolutionäre Strategien anzuwenden vermag, hat die Chance, die Konkurrenz für einen längeren Zeitraum abzuhängen, im Gegensatz zu Evolution oder Reform. Früher glaubte man, einzelne technische Neuerungen wie die Erfindung der Dampfmaschine, später des Verbrennungsmotors oder des Computers seien die Ursache technisch wirtschaftlicher Revolutionen. Der Blick auf den einzelnen Faktor verdeckt aber, dass es darauf ankommt, an diese Innovationen komplette Wertschöpfungsprozesse anzuschließen. Auch politische Revolutionen versanden rasch, wenn aus ihnen heraus nicht ein vollständig neues System aufgebaut werden kann. Das Handlungsmuster Revolution verfolgt eine Alles oder Nichts-Strategie, die entweder den Umsturz der Machtverhältnisse bewerkstelligt oder selbst untergeht. Revolutionen sind insofern eine hochriskante Strategie, für die es nur eine einzige Rechtfertigung geben kann: Wenn man sie gewinnt. wrs

Eugène Delacroixs berühmtes Gemälde La Liberté verherrlicht die Revolution als Aufbruch in die Freiheit

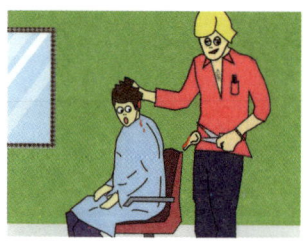

Mögliche Konsequenzen eigenen Handelns drastisch vor Augen führen: Schock als Instrument der werblichen Pädagogik

Der Handelnde löst mittels dieser Strategie Irritationen aus, die entweder lähmen oder provozieren können. Die Schock-Strategie liegt insofern nah beim Handlungsmuster TABUBRUCH, unterscheidet sich aber durch die Plötzlichkeit und Heftigkeit der Exekution.

Ich möchte eine Person zeigen, welche eines natürlichen Todes stirbt oder gerade eines natürlichen Todes gestorben ist. Dabei ist mein Ziel, die Schönheit des Todes zu zeigen. Mit diesem Vorhaben schockt der deutsche Installationskünstler Gregor Schneider 2008 die Öffentlichkeit. Die Süddeutsche Zeitung spricht von *ultimativer Grenzüberschreitung,* Der Spiegel befürchtet gar, *die Kunst könnte gleich mitsterben.* Kirchenvertreter laufen Sturm, der Künstler bekommt Morddrohungen und ihm wird via Internet empfohlen, doch selbst die Rolle des Sterbenden zu übernehmen. Eines hat Schneider unbestritten erreicht: Er ist im Gespräch. Ob Dadaisten, Wiener Aktionisten oder Damian Hirst, der in den neunziger Jahren der Young British Artists bekannt wurde – sie alle nutzten die Schock-Strategie, um sich einen Platz in der hall of fame der Kunstgeschichte zu sichern.

Wir haben abgetrieben! So lautete die Titelschlagzeile der Zeitschrift Stern am 6. Juni 1971. 374 prominente und nicht prominente Frauen gaben öffentlich bekannt, abgetrieben und damit gegen geltendes Recht verstoßen zu haben. Die Schock-Aktion wurde von der Feministin und späteren Gründerin der Zeitschrift Emma, Alice Schwarzer, initiiert, um gegen Paragraph 218 des Strafgesetzbuchs anzukämpfen, und gilt als Meilenstein der Frauenbewegung.

Eine andere Form der Schock-Strategie setzt auf die eintretende Schockstarre. Mit dieser Strategie der Lähmung nutzt der Handelnde einen vorübergehenden Zustand eingeschränkter Zurechnungs- und Handlungsfähigkeit, in der die betroffene Person oder Gruppe ihre Interessen nicht wirklich wahrnehmen kann.

Nach Pinochets blutigem Militärputsch und einer schweren Hyperinflation befindet sich die chilenische Bevölkerung Mitte der 1970er Jahre in einem Schockzustand. Wirtschaftsberater des Diktators ist Milton Friedman, Leitfigur des Neoliberalismus und der *Chica-*

POSITION	SICHERN	ENTWICKELN	VERMITTELN

POTENZIAL	SICHERN	ENTWICKELN	VERMITTELN

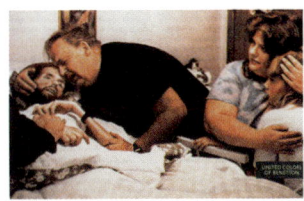

go Boys. Er empfiehlt Pinochet einen radikalen Wirtschaftsumbau, Steuerkürzungen, Freihandel, Privatisierung von Dienstleistungen und Einschnitte bei den Sozialausgaben. Friedman prophezeit, dass Tempo, Plötzlichkeit und Umfang der Veränderungen psychologische Reaktionen in der Öffentlichkeit hervorrufen werden, die eine Anpassung der Volkswirtschaft erleichtern könnten. Für dieses schmerzhafte Vorgehen prägt er den Begriff wirtschaftliche Schockbehandlung.

Schockwerbung von Benetton. Gesellschaftlich umstritten, wirtschaftlich ohne Erfolg

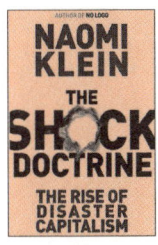

Naomi Klein, Autorin des 2007 erschienenen und heftig diskutierten Buchs The Shock Doctrine: The Rise of Disaster Capitalism, sieht in Friedman den Lehrmeister einer zynischen Strategie, die in den letzten Jahrzehnten verstärkt zum Einsatz kam, um die Mechanismen einer ungezügelten Marktwirtschaft weltweit durchzusetzen. Aber auch in ganz alltäglichen Verhandlungssituationen steigt unmittelbar nach einer Schockmeldung die Bereitschaft einzulenken, Zugeständnisse zu machen, nicht nachzufragen und unüberlegt zu handeln.

Every nation in every region now has a decision to make: Either you are with us or you are with the terrorists, so Bush in seiner Rede vor dem Kongress am 20. September 2001, nur wenige Tage nach dem Anschlag auf das World Trade Center. Die Welt stand unter Schock und kaum jemand wagte in jener Zeit, schon aus Respekt vor den Opfern, die USA in ihren drastischen Maßnahmen zu kritisieren. Ohne den Schock von 9|11 wären in den USA Menschenrechtsverletzungen wie im Gefangenenlager Guantanamo oder Bürgerrechtseinschränkungen wie durch den USA Patriot Act so nicht möglich gewesen. ms

Spielerische Fraktalisierung der Marke als Pseudo-Segmentierung des Angebots bei Heinz Tomato Ketchup

[1] vgl. Heribert Meffert, Christoph Burmann, Manfred Kirchgeorg: Marketing. Wiesbaden 2008
[2] vgl. Niklas Luhmann: Soziale Systeme. Frankfurt 1987
[3] vgl. Leibnitz Gemeinschaft |Hg.|: Bildung fördern, Teilhabe ermöglichen. Zwischenruf 1, 2008
[4] vgl. Werner Sengenberger: Struktur und Funktionsweise von Arbeitsmärkten. Die Bundesrepublik Deutschland im internationalen Vergleich. Frankfurt 1987
[5] Gerhard Preyer: Kulturelle Globalisierung und die europäische Identität und Kultur. Vortrag gehalten bei Philosophia-Marburg
[6] vgl. Jeff Jarvis: What would Google do? New York 2009

Segmentierung bedeutet die Identifikation homogener, untereinander abgrenzbarer Substrukturen innerhalb eines übergeordneten Ganzen. Als analytisches Verfahren findet man die Segmentierung sowohl in den Natur-, den Sozial- und Geistes- wie auch den Technikwissenschaften. Strategische Relevanz für die Steuerung gesellschaftlicher Entwicklung haben Politiken, die zur Verfestigung von oder Durchlässigkeit zwischen Segmenten führen. In Unternehmen dienen Segmentierungsstrategien der Vermarktung von Gütern und Dienstleistungen an Zielgruppen, die zu ihnen passen, oder auf die sie funktional und hinsichtlich ihres Images angepasst werden. Mit wachsendem Wohlstand und wachsender Produktivität differenzieren sich Bedürfnisse von Konsumenten und Produzenten. Marktsegmentierung und Segmentbearbeitungsstrategien haben daher grundlegende Bedeutung für das Marketing der Unternehmen.

Unter Marktsegmentierung wird die Aufteilung des Gesamtmarktes in bezüglich ihrer Marktreaktion intern homogene und untereinander heterogene Untergruppen |Marktsegmente| sowie die Bearbeitung eines oder mehrerer dieser Marksegmente verstanden.[1] Zu den Kriterien der Marktsegmentierung zählen verhaltensorientierte Kriterien wie Preisverhalten und Einkaufsstättenwahl, geographische, soziodemographische und psychographische Kriterien. Ziel ist jeweils die Entdeckung eines hinreichend großen und effizient zu bearbeitenden Absatzmarktes für Produkte. Das Internet ermöglicht heute allerdings auch neue Möglichkeiten der *mass customization*, also der individuellen Anpassung von Konsumgütern und Dienstleistungen unter Beibehaltung von economies of scale, die den Einzelnen in seiner Bedürfnisvielfalt zum kleinstmöglichen *Segment* machen. Als kaufverhaltensrelevant werden häufig Lebensstiltypologien wie die Sinus Milieus anerkannt, die sowohl soziodemographische als auch psychographische Kriterien zugrundelegen. Sie verdeutlichen, dass Grundorientierungen wie Multioptionalität und Experimentierfreude einerseits, traditionelle Werte, Pflichterfüllung und Ordnung andererseits in allen soziodemographischen Schichten zu finden sind, jedoch milieuspezifisch in unterschiedlicher Weise gelebt werden. Die sogenannten Leitmilieus der Sinus Studie sind ein Beispiel dafür, dass neben der von Luhmann analysierten funktionalen Differenzierung des gesellschaftlichen Systems in Politik, Wirtschaft, Recht usw.[2] weiterhin hierarchisch geordnete soziale Schichten bestehen. So ist die Herkunft aus bildungsnahen versus bildungsfernen Segmenten der Gesellschaft in Deutschland immer noch von erheblicher Bedeutung für Lebenswege und daher Gegenstand von bildungspolitischen Strategien.[3] Arbeitsmarktpolitische Strategien auf Basis von segmentationstheoretischen Ansätzen zielen auf die Durchlässigkeit zwischen dem unstrukturierten und berufsfachlichen Arbeitsmarktsegment oder dem zweiten und ersten Arbeitsmarkt ab.[4] Es bilden sich in der Gesellschaft über die Zeit neue, unter Umständen nur temporär relevante Milieus, die durch Gemeinsamkeit von Lebenslagen, Einstellungen, Werten und Verhalten gekennzeichnet sind. Damit einher geht die Wandlung der politischen Strukturen z. B. durch die Entstehung neuer Parteien wie den Grünen in Deutschland, der Piratenpartei in Schweden und populistischer Parteien in den Niederlanden sowie zur zunehmenden Bedeutung von NGOs und Bürgerinitiativen. Die digitalen Informations- und Kommunikationstechnologien führen zu einer neuen Segmentierung: der digital segmentierten Gesellschaft.[5] Sie wird zum homogenen Ganzen, das den Informationsfluss begünstigt. In ihr definieren sich ihre Mitglieder durch die Kontakte, über die sie verfügen. Die geschickte Nutzung dieser digitalen Vernetzungsstrukturen hat maßgeblich zur Wahl Obamas zum Präsidenten der USA geführt. Für Unternehmen wird die Vernetzung mit Ihren Kunden über das Web 2.0 zum Erfolgsfaktor jenseits der klassischen Segmentierungsstrategien.[6] hwn

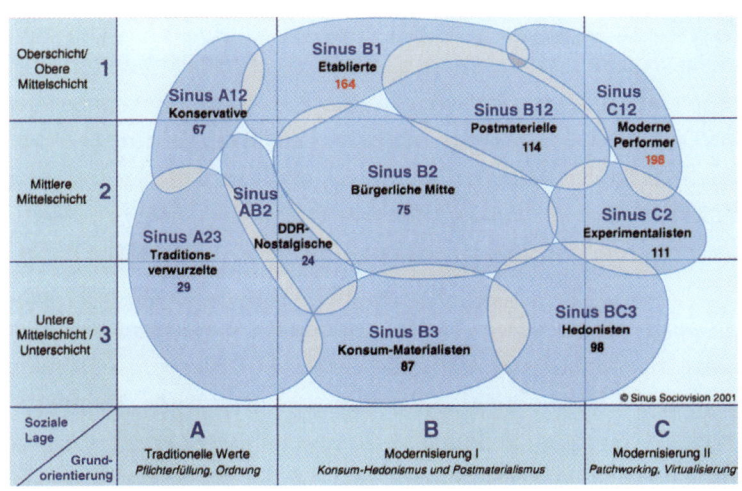

Segmentierung der deutschen Bevölkerung in Milieus nach Sinus Sociovison

 1900

 1904

 1930

 1948

 1955

 1961

 1971

 1995

 1999

Wiedererkennbarkeit und Wandelbarkeit am Beispiel des Shell-Logos

[1] siehe dazu die Publikationen von Klaus Brandmeyer, Institut für Markentechnik
[2] Georg Friedrich Wilhelm Hegel definiert Identität als *Differenz zu sich selbst*, sie entsteht dort, wo das Subjekt sich seiner selbst als Objekt gewahr wird und kritisch differenziert

In Mathematik und Biologie versteht man unter selbstähnlich solche Systeme oder Organismen, deren Detailstrukturen der gesamten Gestalt ähnlich sehen. Beispiele sind die Mandelbrot-Menge aus der fraktalen Geometrie oder Organismen wie Farne, deren strukturelle Details in verkleinerter Form stets auch den Bauplan des ganzen Farns abbilden. Die strukturelle Ähnlichkeit des ganzen Organismus mit seinen Teilen verweist dabei auf ein Reproduktions- und Wachstumsprinzip in modularer Bauweise, bei dem die Module jedoch nicht standardisiert, sondern einander bloß ähnlich sind. Der Vorteil dieser Wachstumsstrategie besteht darin, dass die Reproduktion einerseits in geringer Komplexität geregelt ist und eine hohe Wachstumsrate erzielen kann, andererseits variabel genug ist, um behutsamen Formwandel und Entwicklung zu ermöglichen. Selbstähnliche Organismen und Systeme verfügen in jedem einzelnen ihrer Details über die Idee und den Plan der gesamten Organisation.

Diese Idee einer dynamischen pars pro toto Repräsentanz des Allgemeinen im Besonderen übertrug der seiner Zeit weit voraus denkende Markentheoretiker Hans Domizlaff bereits im frühen 20. Jahrhundert auf die Markenführung und erklärte Selbstähnlichkeit im Sinne von Wiederholung und Variation zum wichtigsten Prinzip einer zeitstabilen, markenspezifischen Struktur. Selbstähnlichkeit ist bis heute ein universales Prinzip der Markenführung[1], weil alle Markenproduzenten sowohl die Wiedererkennbarkeit ihrer Marke wie auch deren Wandelbarkeit und Innovationsfähigkeit gewährleisten müssen. Dazu gehören Produkte, die auch über die Zeit als Produkte einer bestimmten Marke mit einem unverwechselbaren Charakter erlebt werden, auch wenn die Produkte sich mit dem Zeitgeschmack in ihrer Zusammensetzung und Form verändern. Das Design eines Kühlergrills gilt als Königsdisziplin dieser hohen Kunst einer Balance zwischen Kontinuität und Innovation, weil es sehr schwierig ist, ein Gesicht, als das wir die Frontpartie eines Autos anthropomorph wahrnehmen, über Jahrzehnte und hunderte von Modellen hinweg selbstähnlich zu gestalten. Domizlaff hatte früh das zentrale Problem einer jeden Marke erkannt, deren Produkte in jedem einzelnen Moment mit der Marke identisch sein

POSITION	SICHERN	ENTWICKELN	**VERMITTELN**

POTENZIAL	SICHERN	**ENTWICKELN**	VERMITTELN

Selbstähnliche Reproduktion: Romanesco Kohl

müssen, über die Zeit aber nicht statisch und langweilig werden dürfen. Die richtige Balance zwischen Identität mit sich selbst und Differenz zu sich selbst, zwischen einem *immer der Alte bleiben* und einem *sich immer wieder neu erfinden* ist dementsprechend auch die Erfolgsformel für die moderne Markenführung ab der zweiten Hälfte des 20. Jahrhunderts.

Gegenüber dieser eher dialektischen Auffassung von Identität[2] im Sinne von Selbstähnlichkeit wurde dann von den Corporate Identity und Corporate Design Schulen der 1970er und 1980er Jahre eine fundamentalistische Auffassung von Markenidentität geprägt, die Variation für schädlich hielt und bloß noch auf Wiederholung, sprich REDUNDANZ setzte. Mit einem hohen definitorischen und regulatorischen Aufwand wurden nun Logos, Typographie, Hausfarben, Farbwelten, Key Visuals, Fotostil und Layoutraster markenspezifisch standardisiert. Die kurze Lebensdauer dieser komplexen und nicht handhabbaren CI bibles in den Unternehmen hat jedoch diese regulatorische Form der Markenführung zwischenzeitlich in Frage gestellt, so dass viele Marken wieder zu atmenden und variablen Konzepten einer Markenidentität zurückgekehrt sind.

Der strategische Kern des Handlungsmusters Selbstähnlichkeit besteht darin, Wachstum durch viele, einander ähnliche Reproduktionsschritte mit geringer Komplexität schnell und effizient zu gestalten, die vollständige Standardisierung und Erstarrung dieser Reproduktionsschritte jedoch durch behutsame Variationen zu vermeiden. zi

Nicht Lösungen für Aufgaben, sondern Programme für Lösungen. Nach Karl Gerstner. Selbstähnliche Gestaltung in der Gotik

Leonid Breschnew ließ sich freiwillig fesseln, um seinen Zigarettenkonsum einzuschränken

Wenn ich euch anflehe, die Fesseln zu lösen, fessel mich dann mit noch mehr Seilen noch stärker![1] Die klassische Anwendung dieses Modells findet sich bei Odysseus, der sich an den Mast seines Schiffes fesseln ließ, um dem betörenden Gesang der Sirenen ohne bedenkliche Folgen lauschen zu können, während seinen rudernden und das Schiff steuernden Gefährten die Ohren mit Wachs verstopft wurden. Durch die bewusste Selbstfesselung kann das eigene Potenzial gesteigert werden. In einem allgemeinen Sinne ist jede Verfassung eine Selbstbindung des politischen Systems. Die amerikanische Verfassung enthält das Verbot für den Kongress, irgendein Gesetz zu erlassen, welches Fragen der Religion betrifft. So wird die Religionsfreiheit gesichert. Die selbstauferlegte und ins deutsche Grundgesetz geschriebene Schuldenbremse ist ein weiteres Beispiel. Leonid Breschnew ließ sich vom KGB ein Zigarettenetui konstruieren, welches nur jede Stunde eine Zigarette freigab. Breschnew hat seinen internationalen Gesprächspartnern gern ausführlich erklärt, wie sich diese Restriktion austricksen ließ. Ähnliche Gegenstrategien versuchen die Regierungen gegen die Schuldenbremse zu entwickeln.

Moderne Governance Strukturen wie die Unabhängigkeit der Zentralbank sollen dazu dienen, der Politik die Handlungsoption der Währungsentwertung aus der Hand zu nehmen. Auf der Alltagsebene ist die Diät als Selbstfesselungstrauma der Menschheit ein weiteres Beispiel. Sie dient der Steigerung des |gesundheitlichen| Potenzials und erfindet immer wieder neue Methoden der Selbsteinschränkung wie auch Tricks zu deren Überwindung und Lösung der Fesseln. Es handelt sich also um eine Methode, mit der eigenen unvollständigen Rationalität vorausschauend umzugehen. Insbesondere ist Selbstbindung ein guter Weg, das Problem der eigenen Willensschwäche zu lösen. Hierfür wird traditionell die Entwicklung einer starken Eigendisziplin empfohlen. In der Strategieliteratur galt es als neu und überraschend, dass man auch gegenüber den eigenen Präferenzen eine strategische Haltung einnehmen kann. In der modernen *Rational Choice Theory* hat Jon Elster die Selbstbindung als ausgesprochen rationales und verallgemeinerbares Handlungsmuster erkannt. Durch bewusste Selbstfesselung kann man

[1] Homer: Odyssee, 12. Gesang. Vers 53 und 54

POSITION	SICHERN	ENTWICKELN	VERMITTELN

POTENZIAL	SICHERN	ENTWICKELN	VERMITTELN

sein Potenzial erhalten oder steigern. Kritiker weisen darauf hin, dass dabei auch bremsende Effekte auftreten können. Selbsterlassene Richtlinien der Corporate Governance gehören nur bedingt in diesen Bereich, weil sie meist nur deklamatorisch gemeint sind. Eine Fesselung würde erst vorliegen, wenn ihre Verbindlichkeit z. B. durch äußere Instanzen gesichert würde, so wie sich das politische System selbst durch die Entwicklung einer unabhängigen Justiz an das Recht gefesselt hat. Es geht also um wesentlich mehr als um eine intelligente Selbstbeschränkung. Um die Strategie der Selbstfesselung durchzuführen, bedarf es eines manifesten Zwanges, der vom Fesselungskünstler selbst nicht mehr ohne Weiteres gelöst werden kann. wrs

Odysseus und die Sirenen. Herbert James Draper, 1909

Nichts hören und nichts sehen wollen als Methode der Selbstfesselung. Nicht reden wollen als Selbstknebelung

Klausurgitter der Eremiten-
kirche Warfhuizen. Die Klausur
in Klöstern dient der Abgrenzung vom Weltlichen, ebenso
wie die Klausurtagung abseits
des Tagesgeschäftes auf höhere
Einsichten spekuliert, die
nur durch Separation von üblichen Gewohnheiten ermöglicht
werden

Nestlé hatte Nespresso abseits
bisheriger Verwaltungsstruktu-
ren gegründet, sich entwickeln
lassen und auch ein separates
Vertriebssystem für diese Pro-
duktfamilie etabliert, damit
Nescafé und Nespresso sich
nicht in einem Haus gegenseitig kannibalisieren

Separation |lat. für Abtrennung| ist eine Strategie, die zugleich die größtmögliche konzentrierte Eigen- und Höherentwicklung der abgetrennten Teile ermöglicht. In der Politik ist das wichtigste Beispiel die Trennung der Gewalten, die überhaupt erst die Etablierung eines wirkungsvollen Parlaments- und Justizsystems im komplexen Zusammenspiel mit der Exekutive ermöglicht hat. Aber auch die Abtrennung von Gebieten, wie der Schweiz vom Habsburgerreich oder der Niederlande von Spanien oder die Trennung der Slowakei und Tschechiens gehört hierhin. Separation ist als Strategie für solche Fälle geeignet, wo die interne Konfliktbearbeitung zu viele Ressourcen kostet oder wo die Zielvorstellungen zu gegensätzlich sind. Als die Dynamik des Mobilfunks zu gewaltig wurde, hat die Telekom T-Mobile ausgegliedert. Dieses Beispiel zeigt zugleich, dass einige Jahre später durchaus wieder ein Wechsel auf integrative Strategien erforderlich werden kann. Festnetz- und Mobilfunksparte werden wieder zusammengeführt. Auf Ausdifferenzierungsprozesse folgen sehr häufig auch wieder Phasen der Reintegration. Die vielen wieder- und neugebildeten kleinen und mittleren Staaten Osteuropas drängen in die EU. Es wäre oberflächlich, dies als *Hü und Hott* Strategem abzutun, denn die neuen Integrationsstufen sind entweder offener und dadurch leistungsfähiger oder aber sie bauen auf mittlerweile erfolgten Eigenentwicklungen auf.

Die Separation von Arten durch geologische Veränderungen gilt in der Evolutionsbiologie als konstitutiv für die Artenbildung, weil hier die Wahrscheinlichkeit neuer Eigen- und Höherentwicklungen ursprünglich vereinter Arten durch räumliche Aufspaltung erhöht wird. Ebenfalls bekannt aus der Natur ist Separation als eine der drei permanenten Handlungsmuster sogenannter Schwarmintelligenzen. Die Orientierung einzelner Mitglieder eines Schwarms funktioniert nach den drei Prinzipien Kohäsion|Mittelpunktorientierung, Separation|Abstandshaltung und Alignment|Richtungsfluss. Separation verhindert hier Kollisionen. In der Pädagogik dient die Separation von Minder- und Mehrbegabten der jeweils erfolgswahrscheinlicheren Höherentwicklung der beiden voneinander abgetrennten Gruppen. Auch im Beziehungsalltag kann das Strategem getrennter Kassen oder getrennter Wohnungen vielen Konflikten vorbeu-

POSITION	SICHERN	ENTWICKELN	VERMITTELN

POTENZIAL	SICHERN	ENTWICKELN	VERMITTELN

gen oder diese lösen. Separation als Strategem meint in sehr vielen Fällen nicht einfach die Trennung oder Scheidung, sondern zielt auf das produktive Zusammenwirken der nunmehr eigenständigen Teile. Auch in den Unternehmen wird die Separationsstrategie gerne angewendet. Die Marktreife und Marktbewährung von Innovationen und neuen Geschäftsmodellen lässt sich im Rahmen von Grüne Wiese Projekten, wie z. B. Nespresso von Nestlé viel schneller und effektiver umsetzen als innerhalb bestehender organisatorischer Strukturen. Separation bringt also stets Gewinn von Unabhängigkeit, Autonomie und Freiheitsgraden für die separierten Teile. Dementsprechend wird Separation als Kulturtechnik individueller Separierung von bestehenden sozialen und kulturellen Normen insbesondere in der Pubertät universell eingesetzt. Auch hier ist die |soziokulturelle| Separation von der Generation der Eltern ein Akt der Emanzipation und versuchten Höherentwicklung in der Ontogenese wie schon bei der Artenbildung in der Phylogenese. Separation ist eine Strategie der Identitätsbildung. wrs|zi

Soziokulturelle Separation als Strategie der Emanzipation bei den Punks

Eigene Wege finden und sich vom Hauptfeld separieren erhöht die Chancen bei Regatten

Ein Schwarm orientiert sich nach den drei Prinzipien Kohäsion, Separation und Alignment

Matthaeus Merian: Ovidus Naso
·· 43 v. bis 17 n. Chr.·

Die bekannte Redensart und Volksweisheit *steter Tropfen höhlt den Stein* formuliert die Erfahrung, dass Ausdauer und Beharrlichkeit zum Ziel führen können, wenn starke Gegner |Stein| mit schwachen Waffen |Tropfen| bezwungen werden sollen. Das Element der Verstetigung bildet jedoch nur eine Wirkungsdimension dieser Redewendung. Schon der römische Dichter Ovid hat die Metapher von Wasser und Stein verwendet, um die Wirkungsmacht weicher Maßnahmen auf harte Fronten vorzustellen. In seinem Lehrbuch für die Liebe, Ars Amatoria, beschreibt er die Weichheit der Materie als den ausschlaggebenden Faktor, der das Wasser in die Lage versetzt, in den Stein einzudringen und ihn innerlich auszuhöhlen. Ovid analogisiert die weiche Kraft des Wassers mit der Kraft der Liebe, sanft in ein Herz einzudringen und von ihm Besitz zu nehmen. Später formuliert er in seinen Briefen aus der Verbannung die Metapher vom Tropfen und dem Stein als Urform der heutigen Redewendung: *gutta cavat lapidem non vi sed saepe cadeno* |der Tropfen höhlt den Stein nicht durch Kraft, sondern durch stetes Fallen|. Spezifisch für das Handlungsmuster ist also nicht allein die Verstetigung und Beharrlichkeit kleiner Interventionen |Politik der KLEINEN SCHRITTE|, sondern vielmehr die Idee des Eindringens in und Aushöhlens von vermeintlich harten Oberflächen mit Hilfe von weichen Medien. Der *stete Tropfen* ist so ein Gegenmodell zur *Brechstange* und bildet ein nachhaltiges Handlungsmuster für die Infiltration von Gegnern. Einsickern ist eine langsame, aber sehr effektive Strategie, eigene Positionen zu entwickeln. Die *New Age Bewegung* hat ihren europäischen Feldzug gegen die christliche Religion in den 1970er Jahren nicht etwa mit Angriffen geführt, sondern über eine sanfte Unterwanderung des Zeitgeschmacks mit populärer Unterhaltungs- oder Ratgeberliteratur wie bspw. die Gespräche mit Seth |Jane Roberts, 1972|, Gesund Denken |Shakti Gawein, 1978| oder Die Nebel von Avalon |Marion Zimmer Bradley, 1982|[1]. Diskursive Beiträge zur Fundierung der New Age Philosophie, denen nun auch argumentativ begegnet werden konnte, erschienen dagegen erst Anfang der 1980er Jahre, als die spirituelle Bewegung bereits erlahmte und zur kommerziellen Bewegung mutierte. In dem Augenblick, als das Ausmaß der Esoterik durch die beiden theoretischen Publikationen

[1] Marion Zimmer Bradley war selbst keine New Age-Anhängerin, ihr Buch wurde jedoch sofort von der Bewegung instrumentalisiert

[2] siehe Roger Fisher., William Ury: Getting to Yes. New York 1981

The Aquarian Conspiracy |Marilyn Ferguson, 1980| und Turning Point |Fritjof Capra, 1982| ersichtlich wurde, war die spirituelle Infiltration der Gesellschaft weitgehend abgeschlossen. Den gegnerischen Raum unerkannt oder zumindest falsch eingeschätzt zu betreten, ist eine wichtige Voraussetzung für jeden eindringenden Tropfen, wenn er im Inneren seine Wirkung entfalten will, ohne von Abwehrkräften des Gegners behelligt zu werden.

Auch in der Kunst des Verhandelns wird das Handlungsmuster als *soft strategy* eingesetzt, bspw. in der Form einer sogenannten *principled negotiation* [2], die gegnerische Positionen aufweichen will, indem sie die dahinter liegenden Interessen immer wieder freizulegen versucht, um neue Schnittmengen der Interessen anbieten zu können. Im ideologischen Kampf gegen den radikalen Islam setzt Saudi Arabien nach 9|11 im Rahmen seiner *counterterrorism strategy* ebenfalls auf die sanfte Infiltration durch den guten Islam statt auf offene Konfrontation mit dem Bösen. Mit Hunderten von verschiedenen Regierungsprogrammen wird das Rekrutierungspotenzial des radikalen Islams in der Jugend langsam zurückgedrängt. Das Handlungsmuster wirkt immer dann besonders gut, wenn viele Tropfen bereits eindringen konnten und mit ihrem Werk begonnen haben, bevor der Gegner bemerkt, dass es sich um stete Tropfen handelt. zi

Jane Roberts, spirituelles Medium für das von ihr eingeführte Wesen Seth, bekannteste Vertreterin der *außersinnlichen Wahrnehmung* in den 1970er Jahren und Speerspitze des New Age, tröpfelte die Grundlagen für Irrationalismus und Esoterik in das Bewusstsein der Hippie-Generation: Zeit und Raum sind Illusionen, jeder Mensch führt parallel verschiedene Leben, unsichtbare Energien bestimmen unser Schicksal

Das Unternehmen Mars Effem infiltrierte Schulkinder in den 1970er Jahren mit dem Verschenken hunderttausender Wellensittiche, um in neue Haushalte einzudringen und ihnen dann jahrelang Futter verkaufen zu können. 1978 wurde dann die marktbeherrschende Stellung bemerkt und ein Monopol-Verdacht ausgesprochen

MADE IN GERMANY

Vom Stigma zum Qualitätszeichen: 1887 wurde deutschen Produkten der Export nach England nur gestattet, wenn sie mit dem Schriftzug *made in Germany* als Hinweis auf mindere Qualität gekennzeichnet waren

Stigmatisation als Zeichen des Heiligen. Die Echtheit der Wundmale des italienischen Volksheiligen Padre Pio ·1887 bis 1968· ist auch in kirchlichen Kreisen umstritten

[1] Erving Goffman: Stigma. Über Techniken der Bewältigung beschädigter Identität. Frankfurt 1999
[2] Wolfgang Lipp: Stigma und Charisma. Berlin 1985

Stigmatisierung dient der Bestätigung und Absicherung der eigenen Position, indem Abweichungen von der gewünschten Norm sichtbar gemacht werden. Dadurch ist es möglich, die Definitionshoheit über soziale Räume und die in ihnen geltenden Regeln zu erlangen. Im antiken Griechenland waren Stigmata äußerliche Zeichen, etwa Brandmale, mit denen Sklaven, Verbrecher oder Verräter gekennzeichnet wurden. Ähnlich funktioniert das vom alttestamentarischen Gott zugefügte Kainsmal als Zeichen für dessen Brudermord. In beiden Fällen dienen die Stigmata dazu, Dritten *etwas Schlechtes über den moralischen Zustand des Zeichenträgers zu offenbaren*[1] und diesen der sozialen Ächtung preiszugeben. Erving Goffman, der den Begriff der Stigmatisierung als soziologische Kategorie einführte, versteht ihn als diskursive Zuschreibung von Attributen, die symbolisch für weitere, in der Regel negative Merkmale stehen und die Ausgrenzung der Träger zur Folge haben. Auf ähnliche Weise funktionieren Ampelsysteme für Lebensmittel, mit denen besonders fett- oder zuckerhaltige Produkte gekennzeichnet und damit als gesundheitsschädlich gebrandmarkt werden sollen. Die nationale und europäische Gesundheitslobby sowie die Produzenten gesunder Lebensmittel haben über Jahre versucht, ein einheitliches Ampelsystem in der Lebensmittelkennzeichnung durchzusetzen. Die großen Lebensmittelkonzerne verhindern dies, weil sie nicht zulassen wollten, dass die Mehrzahl ihrer Produkte mit dem Stigma eines roten Punktes behaftet wird, das die Verbraucher vom Kauf abschreckt.

Bei der Stigmatisierung handelt es sich in der Regel um einen einmaligen Akt, der, einmal vollzogen und akzeptiert, eine Eigendynamik in Gang setzen kann. So kann Stigmatisierung zum Anlass werden, um ganze Personengruppen zu verfolgen oder von sozialen oder ökonomischen Interaktionen auszuschließen. Dieses Muster greift auch im Kampf gegen wirtschaftliche Akteure, häufig verbunden mit dem Aufruf zum BOYKOTT. So ist es Greenpeace gelungen, die Walfänger und den Shell-Konzern als Umweltsünder zu stigmatisieren. Auch der Wirtschaftsboykott gegen Kuba beruhte auf einer Stigmatisierung des dortigen politischen Systems. Die Vergabe von Stigmata steht also immer in engem Zusammenhang mit den gel-

POSITION	SICHERN	ENTWICKELN	VERMITTELN
POTENZIAL	SICHERN	ENTWICKELN	VERMITTELN

tenden gesellschaftlichen Normen. Verändern sich diese, oder wird das Stigma in einen anderen Kontext übertragen, wandelt sich auch seine Bedeutung, was wiederum zu einer Aufwertung des Zeichens wie seines Trägers führen kann.

Das Unternehmen Frosta führte die Nährwertampel freiwillig ein und hofft auf einen Vertrauensgewinn beim Verbraucher

Mit der Gegenstrategie der Selbststigmatisierung befasst sich der Soziologe Wolfgang Lipp: Er untersucht, wie Träger von Stigmata diese aktiv handhaben, *identifikativ zurechtlegen, aufwerten und in Karrieren überführen, die in charismatische Prozesse münden*[2]. Die plakative Zurschaustellung des Stigmas durch den Träger kann dazu dienen, Gefolgschaft zu organisieren und Gegenbewegungen zur geltenden Norm in Gang zu setzen. Beispiele hierfür finden sich im Märtyrertum oder auch bei politischen Anführern, die einen Teil ihrer Legitimation aus der Ausgrenzung und Verfolgung durch die vorher herrschende Gruppe beziehen. Emanzipatorische Bewegungen nutzen oftmals gezielt pejorative Begriffe, um die Legitimität der Bewertung infrage zu stellen |*Black Power, Gay Pride*|. In der popkulturellen Überhöhung des Außenseitertums weist Selbststigmatisierung eine gewisse Nähe zur PROVOKATION auf: Über die Aneignung und Zurschaustellung negativ besetzter Zeichen fordert der Antiheld die bestehenden Regeln heraus. Diesen Mechanismus nutzt das Unternehmen Burger King, indem es den Konsum seiner Produkte als Rebellion gegen den Gesundheitswahn vermarktet. tg

Kein Zutritt für Tätowierte: Auch heute noch sind Tattoos in Japan direkt mit den Yakuza, Angehörigen krimineller Untergrundorganisationen, assoziiert

Ernesto Che Guevara, Realist und Träumer

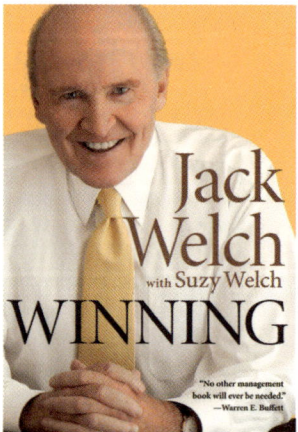
Die Management-Legende Jack Welch forderte immer mehr von GE und bekam auch immer mehr, für GE und sich selbst

Im Ausklang des Zweiten Weltkriegs, als die Niederlage Hitler-Deutschlands unvermeidlich wurde und dennoch weitere Opfer gefordert wurden, schrieben weite Teile der deutschen Bevölkerung aus Galgenhumor dem Führer jenes Zitat zu, dass man *Unmögliches fordern müsse, um Mögliches möglich zu machen.* Dieser hat es womöglich über Otto von Bismarck kolportiert bekommen, dem eine ähnliche Redewendung zugeschrieben wird. Belegt ist hingegen die Einsicht Max Webers, *dass das Mögliche sehr oft nur dadurch erreicht wurde, dass man nach dem jenseits seiner liegenden, Unmöglichen griff,*[1] was für ihn im Kontext eines Strebens nach Utopia wichtig war. Belegt ist auch der berühmte Spruch Ernesto Che Guevaras: *Seien wir realistisch, versuchen wir das Unmögliche,*[2] in dem sich bereits jene Mischung aus Pragmatismus und Revolutionsromantik ankündigt, die für das strategische Handlungsmuster so bezeichnend ist. Die Strategie ist offenbar nur charismatischen Führern vorbehalten, weil nur sie allein in der Lage sind, Menschen für solche Ziele zu mobilisieren, an die sie selber nicht glauben. Ein Prototyp des Wirtschaftsführers unter der Flagge der *stretch goals* ist ohne Zweifel Jack Welch, der langjährige CEO von General Electrics | GE |, auch bekannt unter dem Namen Neutronen Bomben Jack, der die Strategie wie folgt begründet: *We have found that by reaching for what appears to be impossible, we often actually do the impossible. And even when we don't quite make it, we inevitably wind up doing much better than we would have done.*

Das Besondere an diesem strategischen Handlungsmuster liegt darin, dass es keine Strategie zur Erreichung von Zielen darstellt, sondern Ziele von vornherein ausdehnt. Die vorauseilende Einsicht, dass es auf dem Weg zu diesen Zielen Reibungsverluste oder Risiken geben könnte, die den geplanten Ertrag mindern, sichert sich durch Übererfüllung des Plans gegen die erwartbare Minderleistung der Wirklichkeit ab. Banal formuliert, bietet die Strategie eine höhere Chance auf tatsächlichen Ertrag für all jene, die mehr von sich selbst fordern. Stretchen meint Dehnen, nicht etwa Zerren. Der Unterschied liegt einzig in der Kontrolle über den Vorgang. Individuen oder Organisationen, an denen gezerrt wird, verletzen sich leicht. Wenn sie selbst an sich dehnen, wachsen sie in ihrer Leistungsbe-

[1] zit. n. Wörterbuch der Soziologie. Hg. Günter Endruweit, Gisela Trommsdorf. Stuttgart 2002
[2] aus seinem Werk: Mensch und Sozialismus in Kuba

POSITION	SICHERN	ENTWICKELN	VERMITTELN

POTENZIAL	SICHERN	ENTWICKELN	VERMITTELN

reitschaft und Leistungsfähigkeit. Auch im Training des menschlichen Körpers regt das Dehnen stets den Stoffwechsel an und wirkt darüber hinaus regenerationsfördernd. Kommt die Anforderung nach einer übersteigerten Leistung jedoch von außen, blockieren sowohl Individuen wie auch Organisationen die formulierte Erwartung und ziehen sich in den Korridor habitueller Leistungen zurück. Ohne Charisma ist stretch goal eine extrem schwache Strategie. zi

Dilbert by Scott Adams

ich liebe es™

Die amerikanische Fast Food-Kette McDonald's konnte aufgrund ihres subsidiären Franchise-Geschäftsmodells international schnell expandieren

MCMXXXIII ANNO SANCTO MCMXXXIV

Pius XI.: Bürgerlicher Name Achille Ambrogio Damiano Ratti, war Papst von 1922 bis 1939 und widmete sich in dieser Zeit intensiv der Soziallehre und prägte den Begriff der Subsidiarität als Selbsthilfeförderung anderer

[1] siehe Europäisches Zentrum für Föderalismus-Forschung |Hg.|: Jahrbuch des Föderalismus 2009. Föderalismus, Subsidiarität und Regionen in Europa. Tübingen 2010

Das Prinzip der Subsidiarität hat seinen Ursprung in der katholischen Soziallehre und reguliert grundsätzlich das Verhältnis zwischen Staat und Gesellschaft. Klassischerweise wird der Subsidiaritätsgedanke auf die Sozialenzyklika *Quadragesimo anno* von Papst Pius XI. aus dem Jahr 1931 zurückgeführt. Hierin stellte dieser die größtmögliche Selbstverantwortung und Entfaltung sowohl des Individuums als auch von kleinen gesellschaftlichen Einheiten gegenüber dem Staat in den Vordergrund. Demzufolge sollte der übergeordneten Gemeinschaft lediglich die Aufgabe unterstützender Hilfestellung zukommen. Sie sollte also Hilfe zur Selbsthilfe leisten. Nicht mehr, aber auch nicht weniger. Subsidiarität ist zunächst eine Strategie zur Selbsthilfeförderung anderer. Längst seinem rein sozialen Entstehungshintergrund entwachsen, gilt Subsidiarität heute in der Rechts- und Politikwissenschaft als zentrales Strukturprinzip einer freiheitlichen und menschenwürdigen Gesellschaftsordnung. Übertragen auf staatliche Ordnungen verlangt es nach einem Zentralstaat, der nur dann aktiv wird, wenn die Gliedstaaten bestimmte Aufgaben nicht aus eigener Kraft wahrnehmen können. In logischer Konsequenz bedingt Subsidiarität diesbezüglich einen dezentralen oder föderalen Staatsaufbau.

Zusätzlich zur Selbsthilfeförderung lassen sich mit dem Prinzip der Subsidiarität, je nach Perspektive, weitere Strategien verfolgen: In traditionell enger Verknüpfung mit dem Föderalismusprinzip ist Subsidiarität aus demokratietheoretischer Perspektive eine effektive Strategie der Machtkontrolle. Die klassische horizontale Gewaltenteilung Exekutive, Legislative, Judikative wird hier durch die vertikale Gewaltenteilung Staat, Bundesland, Regierungsbezirk, Kommune, Stadtteil ergänzt. Diese zusätzlichen Ebenen reduzieren im Vergleich zum Zentralismus die Gefahr einer möglichen Machtkonzentration. So ist das Subsidiaritätsprinzip eine wichtige Grundlage der Europäischen Union, um die Organe der EU in der europäischen Gesetzgebung zu beschränken[1] und eigene Freiheitsgrade zu sichern.

Aus ethnisch-sozialer Perspektive erscheint Subsidiarität als Integrationsstrategie. Dezentrale Entscheidungsstrukturen gewähren Minderheiten mehr Spielraum, für die eigenen Interessen einzu-

POSITION	SICHERN	ENTWICKELN	VERMITTELN

POTENZIAL	SICHERN	ENTWICKELN	VERMITTELN

stehen und diese, zumindest im Kleinen, zu realisieren. Mögliches Konfliktpotenzial zwischen verschiedenen gesellschaftlichen Gruppierungen kann auf diese Weise leichter eingedämmt werden. Auch liegt dem Prinzip nicht selten die Auffassung zugrunde, dass sich konkurrierende Ideen und Meinungen nicht automatisch ausschließen |vgl. den Wettbewerbsföderalismus in den USA|. Die *Vielfalt in der Einheit* gilt als erstrebenswert und wertvoll. Der subsidiäre Aufbau von unten nach oben erlaubt, neue Ansätze und Ideen zunächst im Kleinen zu erproben, bevor schließlich erfolgreiche Experimente auch für die übergeordneten Ebenen eingeführt werden. Auch das Franchise-System kann als ein subsidiäres Geschäftsmodell verstanden werden. In diesem auf Kooperation ausgerichteten Geschäftsmodell erstellt der Franchisegeber ein unternehmerisches Geschäftskonzept, das von seinen Geschäftspartnern, den Franchisenehmern, selbstständig in den Regionen, an ihrem Standort umgesetzt wird. Der Franchisegeber fördert und nutzt insbesondere die Bereitschaft des Franchisenehmers, als Unternehmer selbstständig zu handeln.

Subsidiarität – in der Schweizerischen Eidgenossenschaft eine gelebte Staatsform. Getreu den Prinzipien Autonomie und Eigenverantwortung, ermächtigen die Bürger als Souverän ihre Gemeinde zum Handeln. So stimmen Schweizer Bürger im Schnitt jeden zweiten Monat über diverse Vorhaben ab

Im Vergleich zum Zentralismus liegen die strategischen Vorzüge von Subsidiarität somit in der Förderung von Eigenleistung, dezentraler Selbstbestimmung und auch Kreativität sowohl von Individuen als auch von Gemeinschaften. Subsidiarität ermöglicht Partizipation und Teilhabe der Glieder und entspricht damit einem Machtverlust, verschiebt aber gleichzeitig die Lasten der Aufgaben von der Spitze der Pyramide in die Basis. So kann auch der Erfolg von *social web* und *social networks* mit ihren partizipativen Strukturen als ein Beispiel für die Kraft subsidiärer Vielfalt angesehen werden. Das Handlungsmuster steht so im Gegensatz zu einem zentralistisch geprägten Prozessverständnis aus Kontrolle und Hierarchie. ks

Kritik am Gegenmodell subsidiärer Mitwirkung in der informationellen Selbstbestimmung: zentrale Datenhoheit wie bei Google Streetview als Ausdruck von *big brother is watching you*

Der Eruv-Draht umschließt
jüdische Gemeinden und symbo-
lisiert eine geschlossene
Privatsphäre zur Neutralisie-
rung der Sabbat-Regeln

Rabbi Yehuda Sarni erklärt in
der New York Times vom
16.01.2007: *The eruv is pre-
sumed down, unless it is
checked.* Auch gedachte Linien
müssen überprüft und gegebe-
nenfalls repariert werden.
Dies zeigt, wie subtil symbolische Handlungen angelegt
sein müssen, um reale Über-
zeugungskraft zu entfalten

[1] Revolverheld: Längst Verloren. Album: Chaostheorie 2007

*Hab unser Tagebuch zerrissen | Und werde nichts davon vermissen | Hab's
weggeschmissen und verbrannt | Und jetzt fang ich von vorne an.* Aus.
Vorbei. Keine quälenden Fragen mehr nach dem Warum. Weg mit
dem Hamsterrad im Kopf. Eine symbolische Handlung reduziert
Komplexität, verdichtet in einem sichtbaren und merkfähigen Zeichen, als pars pro toto. Oft steht sie als Initialzündung zu Beginn
eines Prozesses, ist Zeichen des Aufbruchs in einen neuen Lebens-
abschnitt, eine neue Ära. In diesem Fall ist die symbolische Handlung eine echte Handlung als emotionalisierte Vorwegnahme der
komplexen Realität.

Diese Form der symbolischen Handlung kann darüber hinaus eine
Vorbildfunktion übernehmen, Handlungsorientierung geben, Sinn
und Identität stiften. So z. B. der Kniefall von Willy Brandt vor dem
Ehrenmal des jüdischen Ghettos am 7. Dezember 1970, dem Tag der
Unterzeichnung des Warschauer Vertrags zwischen Polen und der
Bundesrepublik Deutschland. Mit dieser Geste setzte Brandt ein
Zeichen und schuf ein starkes Bild, das als Symbol für Versöhnung
und den Aufbruch in eine neue Ostpolitik Eingang in die Geschichts-
bücher und ins kollektive Gedächtnis fand.

Auch Alexander der Große nutzte die Kraft symbolischer Handlungen. Um seinem Ziel, einem makedonisch-persischen Weltreich mit
einer Kultur, die sowohl makedonische als auch persische Elemente
enthält, näherzukommen, setzt er auf eine groß angelegte symbolische Vereinigung: Auf der so genannten Massenhochzeit von Susa
verheiratet Alexander fast 10.000 seiner Soldaten mit persischen
Frauen, auf dass die Kinder dieser Ehen das Erbe beider Völker in
sich trügen.

Als symbolische Vorwegnahme erwünschter Realität leistet das
Handlungsmuster sowohl eine Reduktion von Komplexität wie
auch emotionale Verdichtung. Mindestens genau so häufig wird
die symbolische Handlung jedoch als bloße Ersatzhandlung ausgeführt, um eine reale Handlung zu vermeiden. Das Placebo als
Suggestion eines Wirkstoffes ist eine symbolische Handlung, die
Wohlbefinden und Gesundung ohne materielle Basis psychologisch
steigern kann. In diesem Sinne können symbolische Handlungen
echte Handlungen ersetzen und erscheinen häufig als die bessere

POSITION	SICHERN	ENTWICKELN	VERMITTELN

POTENZIAL	SICHERN	ENTWICKELN	VERMITTELN

Alternative, weil sie einen geringeren Ressourceneinsatz gestatten, bspw. wenn Preise anstelle von echten Preissenkungen nur optisch reduziert werden.

Der jüdische Glaube kennt den Eruv, eine symbolische Linie, die aus Kordel oder Draht um eine jüdische Gemeinde herum gespannt wird, um die gesamte Gemeinde symbolisch in eine Privatsphäre zu verwandeln, in der es auch am Sabbat gestattet ist, einkaufen zu gehen und Dinge zu tragen, was die Glaubensregeln normalerweise verbieten. Nahezu ganz Manhattan ist von einem Eruv umschlossen, der allen Juden innerhalb seiner Grenzen auch am Sabbat vollkommene Bewegungsfreiheit gewährt und jeden Freitag auf seine Unversehrtheit überprüft wird. Der Eruv neutralisiert so ein religiöses Verbot mit minimalem Ressourceneinsatz und macht echte Restriktionen überflüssig. Das Handlungsmuster bedient sich so häufig eines |billigen| Scheins, um solches Sein zu suggerieren, das nur zu höheren Kosten hergestellt werden könnte. zi

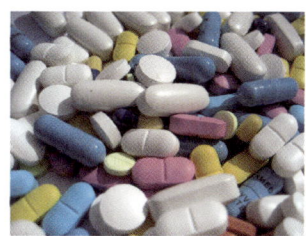

Die Verabreichung eines Placebos als symbolische Handlung, der Placeboeffekt als Ausweis einer erfolgreichen Therapie zu geringen Kosten

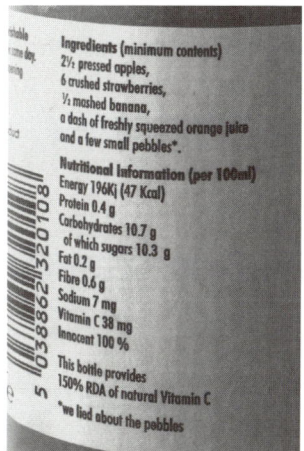

Nutrional facts auf Innocent Smoothies. Die ironische Brechung der pseudoexakten und abstrakten Listung von Inhaltsstoffen |a few small pebbles| als symbolische Handlung echter Authentizität innerhalb standardisierter und anonymer Verbraucherinformationen

Das Wort Tabu stammt aus dem polynesischen Raum und wurde über James Cook in die europäische Begriffsgeschichte überführt. In der polynesischen Kultur steht das Tabu für Unverletzlichkeitsrechte von Personen oder auch Orten. Die strategische Intelligenz der Südsee setzte bei der Durchsetzung von Tabus jedoch nicht auf ABSCHRECKUNG durch Strafandrohungen oder göttlichen Zorn, sondern auf die intrinsische Motivation der Kulturgemeinschaft, Tabus aus Einsicht in ihre Sinnhaftigkeit nicht zu verletzten. Siegmund Freud führt mit seiner Schrift Totem und Tabu ·1913· eine psychoanalytische Lesart ein, in der das Tabu als Selbsterhaltungsprinzip der Gattung, der Stämme und Familien entsteht und Inzest vermeiden soll. Freud wird für seine spekulativen Thesen in der Wissenschaft hart attackiert, sehr viel später aber von Claude Lévi-Strauss im Kern bestätigt.

Anthropologisch wird das Tabu auf die Vermeidung von Inszest zurückgeführt, aber nicht aus instinktiver Abscheu und nicht zwischen Müttern und Söhnen, wie Freud mit der Ödipusgeschichte vermutete, sondern aus Tauschinteressen mit benachbarten Stämmen, bei denen Jungfrauen einen höheren Handelswert erzielten. Im Egoismus der Gene und Gattungen scheint also zunächst die Neigung verankert, mit dem Setzen von Tabus Tauschwerte zu schützen.

Das Brechen von Tabus spendet hingegen garantierte Aufmerksamkeit und vielleicht indirekte Wertschöpfung aus zunächst negativer Reputation. Bill Clinton brach das Tabu, Sex mit Abhängigen zu haben, in diesem Falle einer Praktikantin, was ihm schwere Zeiten, aber letztlich den Ruf des Unbesiegbaren eintrug.

Strategische Funktion hat der Tabubruch in der Regel nur dann, wenn er einem Gegner unterstellt oder untergeschoben wird, um kollektive Abwiegelungsreflexe gegen dessen Pläne zu erzeugen. Die Mobilisierungskampagnen von Bürgerbewegungen gegen die Einführung neuer Technologien, bspw. der Kern- oder Gentechnologie, arbeiten regelmäßig mit dem metaphysischen Argument des Tabubruchs und behaupten, die Technik dringe hier in einen Taburaum ein, dessen Unverletzlichkeit von der Ordnung der Natur selbst beansprucht wird. Nur wenn vermeintlich absolute Grenzen überschritten werden, lassen sich auch massive Gegenreaktionen organisieren. Als Strategie zum Schutz ihres eigenen Lebens haben Polizisten weltweit seit Generationen ein Tabu gepflegt und seine Verletzung geahndet, den Mord an einem Polizisten, der für alle Polizisten schwerer wiegt als der Mord an einem Menschen. Dass der Bruch dieses Tabus niemals straffrei bleibt, hat sich unter allen Kriminellen herumgesprochen und bildet insofern eine wirksame Präventivstrategie. Weil das Tabu als existenzielles Verbot fast immer auf die Themen Sexualität, Krankheit, Alter und Tod bezogen ist, kennen wir die meisten Tabubrüche ebenfalls aus diesem Kontext. Strategischer Nutzen entsteht für Kunst und Werbung, weil sie aus der erwartbaren Aufmerksamkeit und öffentlichen Empörung durch einen inszenierten Tabubruch Aufmerksamkeit für sich abschöpfen können. Außerhalb der bildenden und gestaltenden Künste ist der eigene Tabubruch hoch

POSITION	SICHERN	ENTWICKELN	**VERMITTELN**

POTENZIAL	SICHERN	ENTWICKELN	VERMITTELN

riskant und selten erfolgreich. Er erfolgt immer aus einer Position der Schwäche heraus, wie die Beispiele aus der parlamentarischen Demokratie zeigen. Es sind immer die Newcomer oder Außenseiter-Parteien, die kalkulierte Tabubrüche begehen. Die Bundeszentrale für politische Bildung beobachtet diese Strategie derzeit bei der NPD und ihrer Selbstinszenierung in den Berliner Bezirksparlamenten. Ein weiteres Beispiel aus Berlin belegt den seltenen Fall, dass der eigene Tabubruch ein Tabu erfolgreich abschafft, nämlich Klaus Wowereit, der als erster Ministerpräsident eines Bundeslandes seine Homosexualität offen ansprach und den Weg für weitere Outings und hohe politische Funktionsträger ebnete.

In sehr vielen Fällen sind Tabus Sprech- oder Sehverbote. Nicht hinsehen und totschweigen, ist die Botschaft. Die Gegenstrategie arbeitet also zwangsläufig mit Thematisierung und Visualisierung des tabuisierten Bedeutungsraumes. oa

Radikale Werbung als systematischer Tabubruch

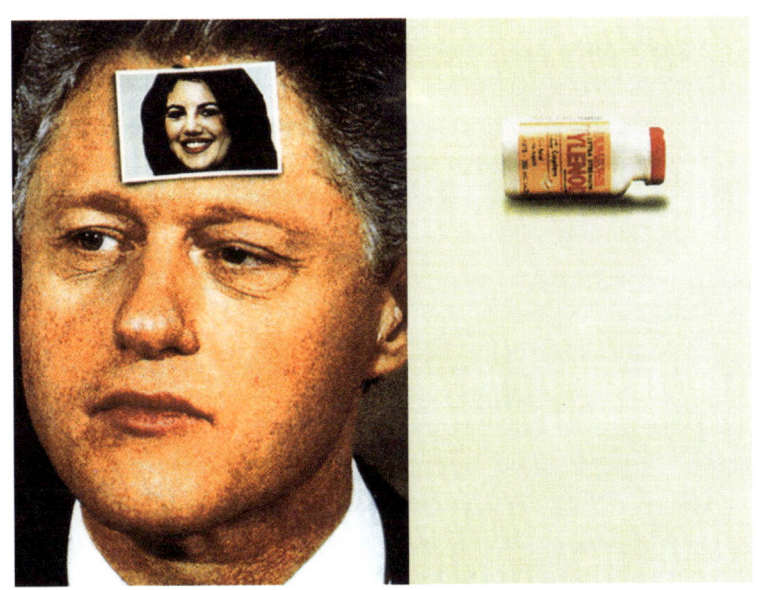

Werbung für eine Kopfschmerzetablette mit Bill Clinton und seiner berühmten Praktikantin Monica Lewinski

Ludwig XIV. mit Vertretern
seines Hofstaates

Tullius Destructivus teilt
und trennt seine Gegner durch
Intrige

Die Redewendung *divide et impera* |teile und herrsche| bezeichnet ein weit verbreitetes Strategiemuster, das zum Zwecke der Herrschaftsabsicherung gegnerische Gruppierungen spaltet, gegeneinander ausspielt und dadurch schwächt. Geprägt wurde der Begriff vor allem von Machiavelli, der in <u>Il Principe</u> die Kunst der Herrschaftsausübung ausführlich beschreibt. Eines der bekanntesten Beispiele für ein politisches System, das maßgeblich vom Strategem *divide et impera* geprägt ist, lässt sich im französischen Absolutismus beobachten. Unter dem Begriff Königsmechanismus beschreibt der Soziologe Norbert Elias, wie der Sonnenkönig Ludwig XIV. äußerst geschickt Adel und Bürgertum um seine Gunst konkurrieren ließ. Weil sich beide Stände dadurch neutralisierten, konnte er sie in einem Machtgleichgewicht halten, ihre Interessen schwächen und ein Bündnis gegen ihn präventiv verhindern. Ähnlich gingen auch die römischen Kaiser in der Antike zu Werke. Auch sie verstanden es, die stadtrömische Bevölkerung, das Heer und die alte aristokratische Führungsschicht als wesentliche Status- und Machtgruppen des Reiches auszuschalten, indem sie den Konkurrenzkampf zwischen ihnen kontinuierlich schürten.

Otto von Bismarck machte *divide et impera* zur Maxime seiner Außenpolitik. Im sogenannten Kissinger-Diktat umschrieb er seinen außenpolitischen Kurs folgendermaßen: *Das Ziel muss eine politische Gesamtsituation sein, in welcher alle Mächte außer Frankreich unser bedürfen und von Koalitionen gegen uns durch ihre Beziehungen zueinander nach Möglichkeit abgehalten werden* |siehe auch ALLIANZ|. Er übernahm damit ein Strategiemuster, das schon das Britische Weltreich über Jahrhunderte erfolgreich praktiziert hatte. Wilhelm II. meinte, es zu Gunsten von Weltmachtphantasien über Bord werfen zu können, nachdem der Lotse gegangen war. Die katastrophalen Folgen sind bekannt. Im militärischen Bereich erfährt *divide et impera* mit der Guerilla- oder Partisanenstrategie seine subversive Wendung. Nicht der Gegner wird in Untergruppen gespalten, sondern man selber teilt sich in flexible kleine Kampfeinheiten, um einen scheinbar übermächtigen Gegner durch gezielte Nadelstiche zu zermürben und schließlich zu besiegen. Che Guevara, Ho Chi Minh, aber auch Carl von Clausewitz haben diese Form des asymmetrischen

POSITION	SICHERN	ENTWICKELN	VERMITTELN

POTENZIAL	SICHERN	ENTWICKELN	VERMITTELN

Krieges theoretisch untermauert. Im chinesischen Kulturkreis ist das Prinzip durch den General und Philosophen Sun Tzu · um 500 v. Chr. · fester Bestandteil der Kriegskunst geworden. Jenseits von Politik und Militär hat *divide et impera* als Problemlösungsstrategie Eingang in Wirtschaft und Wissenschaft gefunden. Ein Problem oder eine Aufgabenstellung wird dabei durch die Bearbeitung der jeweiligen Teilaspekte gelöst. So setzen betriebswirtschaftliche Optimierungs- und Effizienzprogramme in der Regel an den einzelnen Gliedern der Wertschöpfungskette an. In der Mathematik und Informatik basieren viele Algorithmen auf dieser Vorgehensweise. Schließlich ist dieses Stratagem auch im Alltag in Gebrauch. Die Salami-Taktik bei Verhandlungssituationen jeder Art ist eine ganz eigene Form des *divide et impera*. Eine besonders raffinierte Applikation aber ist die Intrige. Mit Tullius Destructivus findet sie in Streit um Asterix ihre |fast| perfekte Verkörperung. Was den Heeren Caesars nicht gelingt, ist für diesen kleinen römischen Giftzwerg ein Kinderspiel. Mit gezielten Intrigen entzweit und spaltet er das unbeugsame Dorf, so dass dessen Schicksal nach Jahren des Widerstands gegen den römischen Eindringling besiegelt scheint. Wären da nicht zwei aufrichtige Gallier, ein Druide und ein Hund. db

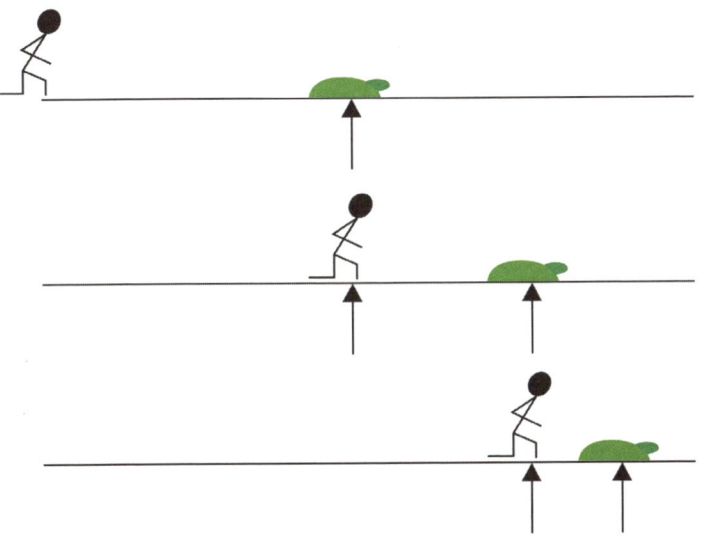

Das berühmte Paradoxon von Achilles und der Schildkröte behandelt die Idee eines unendlichen Vorsprungs durch das theoretische Teilen der Wettlauf-Strecke in unendlich viele Teile. Allerdings bleibt die Strecke endlich, so oft man sie auch in immer neue Teilstücke zerlegt

Es fällt dem Hund sehr schwer, den Ball wieder abzugeben, denn er will ihn unbedingt haben. Aber er muss seinen Egoismus bezwingen, wenn er weiterspielen will

[1] siehe: Anatol Rapoport: Prisoner's Dilemma. A Study in Conflict and Cooperation. University of Michigan Press 1965

Tit for tat |wie Du mir, so ich Dir| ist eine Spielstrategie, die Kooperation mit Konkurrenten anbahnen und zum Nutzen aller Wettbewerber ausbauen kann. Sie kommt in der Regel dann zum Einsatz, wenn mehrere Marktteilnehmer gleichzeitig eine Ressource ausbeuten oder ein Potenzial erschließen wollen und einzelne Marktteilnehmer ohne äußeren Druck mit kooperativem Verhalten beginnen, anstatt ihren Egoismus zu maximieren. Das Handlungsmuster wird leicht mit dem alttestamentarischen Auge um Auge, Zahn um Zahn verwechselt, bei dem es sich jedoch nicht um eine Strategie, sondern um ein moralisches Prinzip handelt.

Aus kollektiver Perspektive ist die gemeinsame und aufgabenteilige Ausbeutung einer Ressource ungleich effektiver als die Summe individueller Ausbeute in einem hard ball-Wettbewerb der Rücksichtslosigkeit. Tit for tat-Strategien gelten deshalb als besonders nachhaltig und wurden vom britischen Biologen und Spieltheoretiker John Maynard Smith als evolutionär stabile Strategie beschrieben, weil sich nur solche Handlungsmuster über Generationen durchsetzen können, die für die Mehrheit der Individuen einer Spezies den höchsten payoff haben.

Tit for tat patterns of behaviour sind bei sehr vielen Spezies beobachtet worden. Der strategische Kern von tit for tat ist von Robert Axelrod in seinem Buch The Evolution of Cooperation freigelegt worden und lässt sich in Kürze wie folgt charakterisieren: 1. Man sei freundlich zu seinen Mitbewerbern und beginne nicht als erster, ihnen zu schaden. 2. Man probiere bilaterale Verträge mit Wettbewerbern über Leistungen und Gegenleistungen. 3. Man bestrafe Vertragsbruch immer und sofort. 4. Man sei nachsichtig und nehme auch nach Enttäuschungen die Kooperation wieder auf.

In diesem Sinne ist tit for tat eine schwache Strategie für bilaterale Konflikte und Wettbewerbe, denn sie gewinnt keine Spiele gegen aggressive und kurzfristig orientierte Konkurrenten, sondern allenfalls sichere Plätze im oberen Drittel eines Langfristvergleichs zwischen vielen Konkurrenten. In den Versuchsreihen der Spieltheoretiker vom Gefangenendilemma [1] über das Hawk Dove Game bis zu Axelrods Untersuchungen sind die Tauben den Falken in direkter Konfrontation immer unterlegen, erzielen jedoch als Gruppe die

POSITION	SICHERN	ENTWICKELN	VERMITTELN

POTENZIAL	SICHERN	ENTWICKELN	VERMITTELN

besseren und vor allem nachhaltigeren Ergebnisse. Die strategische Intelligenz des Prinzips ist auf der Ebene der Gattung, nicht des Individuums angesiedelt und sorgt für einen höheren Ertrag für den Durchschnitt einer Gruppe oder Art. Kooperation zu beiderseitigem Vorteil und Schutz ist tief in den Genen der Spezies verankert. Wirtschaftlich reduziert tit for tat den optimalen Ertrag, gleichzeitig aber auch das Risiko und den Kräfteeinsatz. Die entscheidende Kalkulationsgröße für das Individuum, sich auf tit for tat einzulassen, ist die Wahrscheinlichkeit von Vertragstreue.

Die Rituale des Kalten Krieges und insbesondere das angestrebte Gleichgewicht strategischer Atomwaffen unterstreichen das dritte Element der tit for tat-Strategie, die Provozierbarkeit und Sanktionierbarkeit. Kooperierende Wettbewerber müssen die Möglichkeit haben, Illoyalität wechselseitig sanktionieren zu können, ansonsten wäre das tit for tat-Spiel nach dem ersten Vertragsbruch bereits endgültig aus. zi

Obamas Strategie einer überparteilichen Verantwortung und Administration wird von den Republikanern wenige Wochen nach Amtsantritt bereits aufgekündigt, worauf seine demokratischen Parteifreunde direkte Gegensanktionen forderten. Ein typisches Beispiel für eine misslungene tit for tat-Strategie, die im Rahmen einer bilateralen Konstellation wie dem Zweiparteiensystem der USA chancenlos ist

U-Boot im Kanzleramt: Die Ent-
tarnung des DDR-Spions Günter Guillaume am 24. April
1974 gilt als bedeutsamste
Spionageaffäre der Bundesrepublik und brachte den damaligen Bundeskanzler Willy Brandt
zu Fall

Das Trojanische Pferd und der
Trojaner als bekanntes Beispiel der U-Boot-Strategie.

Vom U-Boot-Projekt zum Block-
buster: Das erfolgreiche
Antibiotikum Ciprobay wurde
zunächst ohne offiziellen
Auftrag erforscht

Abtauchen, sich der Wahrnehmung eines Gegners entziehen und im entscheidenden Moment aus der Deckung heraus zum Befreiungsschlag ausholen sind kennzeichnende Momente des Handlungsmusters. Nicht die Auseinandersetzung mit offenem Visier, sondern das versteckte Agieren unter der Oberfläche versprechen bei diesem militärisch entlehnten Handlungsmuster Erfolg. Auf diese Weise entgeht man der Gefahr, dass das eigene Vorhaben frühzeitig publik und durch Intervention von außen behindert oder gar torpediert wird. Voraussetzung für das Funktionieren sind eine glaubwürdige Legende und strikte Geheimhaltung. Charakteristisch ist außerdem das lange Schlummern eines U-Bootes, bevor es aktiviert wird und seine eigentliche Mission erfüllt. Einer ausgedehnten Investitionsphase |materieller oder ideeller Natur| steht eine in der Regel nur kurze Leistungsphase gegenüber.

Verdeckte Operationen aus Gründen des Schutzes vor äußeren Einflüssen und Beeinträchtigungen sind aus der Industrie als bootlegging |Schmuggel| bekannt. Gemeint sind Projekte der Forschungs- und Entwicklungsabteilungen, die jenseits offizieller Strukturen und Budgets und zunächst ohne Kenntnis der Unternehmensführung von einzelnen Mitarbeitern vorangetrieben werden. Eine nicht unbeträchtliche Anzahl technischer Innovationen sind dem bootlegging zu verdanken. Prominentes Beispiel ist das Antibiotikum Ciprobay des Pharmakonzerns Bayer, das der Chemiker Klaus Grohe und wenige eingeweihte Kollegen sieben Jahre lang heimlich erforschten, bevor es später mit großem Erfolg auf den Markt gebracht wurde. Bootlegging wird heute von vielen Unternehmen nicht nur geduldet, sondern sogar gefördert, weil der strategische Aspekt der SEPARATION von Unternehmensbürokratie eine dynamische Forschung und Höherentwicklung begünstigt. Beim amerikanischen Technologieunternehmen 3M bspw. dürfen Mitarbeiter 15 Prozent ihrer Arbeitszeit darauf verwenden, eigene Produktideen voranzutreiben.

Ein Wesenszug des Handlungsmusters kann darin bestehen, sein Gegenüber über die eigene Identität und wahren Absichten gezielt zu täuschen. Berühmt sind die sozialkritischen Enthüllungen des Schriftstellers Günter Wallraff, der unter falschem Namen und mit

POSITION	SICHERN	ENTWICKELN	VERMITTELN

POTENZIAL	SICHERN	ENTWICKELN	VERMITTELN

erfundener Biografie mehrfach in industrielle Lebenswirklichkeiten oder auch in die Redaktion der Bild-Zeitung abtauchte und dort unerkannt seine Recherchen betrieb. Ähnlich wie der investigative Journalismus bedienen sich auch Strafverfolgungsbehörden dieser Strategie, etwa wenn verdeckte Ermittler ins schwerkriminelle Milieu eingeschleust werden. In Politik und Wirtschaft kennt man das Prinzip als Spionage. Der Einsatz von Spitzeln, die im gegnerischen Lager operieren, war in der Zeit des Kalten Krieges besonders verbreitet. In perfider Perfektion haben die Attentäter vom 11. September als U-Boote agiert. Mitglieder der Terrororganisation Al Quaida hatten sich über Jahre hinweg in bürgerlichen Strukturen in Hamburg eingenistet, um einer tickenden Zeitbombe gleich von Deutschland aus den tödlichen Anschlag in New York vorzubereiten.

U-Boote oder Trojaner werden aber nur in seltenen Fällen eingesetzt, um einem Gegner direkt zu schaden. Weitaus häufiger dienen sie dem Ausspähen von Informationen beim Gegner wie bspw. das Softwareprogramm des Bundeskriminalamtes zur Datenprüfung bei Strafverdächtigen oder potenziellen Tätern, im Netzjargon *Bundestrojaner* genannt. Auch die digitale Anwendung des Handlungsmusters folgt der Mechanik aus Legende und Schlummern, weil Trojaner als nützliche Programme getarnt sind und über definierte Phasen Schadprogramme installieren oder Daten ausspähen, ehe sie ein programmiertes Ergebnis liefern können. nik|ta

Prominentes bootlegging-Produkt: Die gelben Haftnotizen wurden in den 1970er Jahren vom 3M-Forscher Art Fry in der Freizeit entwickelt. Der Chemiker hatte sich darüber geärgert, dass ihm beim Singen im Kirchenchor immer wieder die Lesezeichen aus seinen Noten flatterten

Unter dem Namen Hans Esser hatte sich der Publizist Günther Wallraff 1977 bei der Bild als U-Boot eingeschlichen, um anschließend in einem Enthüllungsbuch die Praktiken der Redaktion offenlegen und geißeln zu können

168 v. Chr. übergibt der römische Gesandte Gaius Popillus Laenas – nach der Überlieferung grußlos – ein Ultimatum an den Perserkönig Antiochos IV, in dem der sofortige Abzug aus Ägypten gefordert oder Krieg angedroht wird. Er zeichnet mit seinem Stock einen Kreis um sich und Antiochos und verlangt, dass dieser sich entscheide, bevor er den Kreis verlasse. Die Symbolik des Arrangements legt den Kern der strategischen Stoßrichtung eines Ultimatums frei, nämlich die Androhung von irreversiblen Konsequenzen bei der Überschreitung von territorialen oder zeitlichen Linien. Entscheidend für die Durchsetzungsfähigkeit eines Ultimatums ist dabei weniger das Ausmaß der angedrohten Rache, sondern vielmehr die vermutete Entschiedenheit der Exekution.

Überzogene Drohungen halten Gegner nicht von Handlungen ab, wenn sie die Möglichkeiten des Drohenden bezweifeln, diese auch in die Tat umsetzen zu können oder wirklich zu wollen. Das bekannte Chruschtschow-Ultimatum aus dem Jahre 1958 mit seiner Forderung nach Entmilitarisierung von West-Berlin lief im Mai 1959 ohne weitere Folgen ab, weil der sowjetische Staatschef in der Androhung von Konsequenzen wohl zu hoch gepokert hatte. Die West-Alliierten hatten ihm nicht geglaubt, dass er seine alliierten Kontrollrechte wirklich wie angedroht an die Behörden in Ost-Berlin übergeben wird, und behielten Recht. Viele Ultimaten verlaufen folgenlos im Sande, weil sie ihre Irreversibilität nicht glaubhaft und nachdrücklich zum Ausdruck gebracht haben.

Die Zuspitzung der verfügbaren Handlungsoptionen auf die Schere zwischen entweder|oder bestimmt auch das Verhalten der Spieler beim sogenannten *ultimatum game*, einer Anwendung der Spieltheorie für Wirtschaft und Verhaltensforschung. Die Spieler werden hier gezwungen, ein irreversibles und nicht nachverhandelbares Angebot an ihre Gegner zu machen, das entweder angenommen wird, so dass beide gewinnen, oder abgelehnt wird, auf dass beide verlieren. Die Kalkulation eines rationalen und auf Nutzenoptimierung gerichteten Verhaltens muss hier an die Schmerzgrenzen eigener Zugeständnisse gehen, um die Wahrscheinlichkeit der Annahme des Ultimatums sicherzustellen. Dieser Wirkungszusam-

POSITION	SICHERN	ENTWICKELN	VERMITTELN

POTENZIAL	SICHERN	ENTWICKELN	VERMITTELN

menhang ist auch aus dem amerikanischen Schlichtungsverfahren bei Uneinigkeit unter Anteilseignern von Firmen bekannt, dem sogenannten *texas shoot out*, bei dem jeder der streitenden Anteilseigner einen nicht nachverhandelbaren Preis vorschlagen muss, zu dem er die Anteile anderer Parteien kaufen will. Diese müssen den Preis akzeptieren und verkaufen oder nach derselben Preisformel die Anteile der anbietenden Partei übernehmen. Das wechselseitige Ultimatum führt automatisch zu einem Ergebnis, weil einer von beiden zum genannten Preis kaufen muss.

Im September 2009 stellte Siemens seinem ehemaligen Vorstandsvorsitzenden Heinrich von Pierer das Ultimatum, entweder unverzüglich sechs Millionen Euro freiwilligen Schadenersatz zu zahlen oder in Milliardenhöhe auf Schadenersatz verklagt zu werden. Die Jahrzehnte bestimmende Kultur des *noli me tangere* in den Vorstandsetagen der Deutschland AG war zu diesem Zeitpunkt bereits erodiert und nicht weiter verlässlich. Die Wirksamkeit dieses Ultimatums bestand in dem glaubhaft beabsichtigten TABUBRUCH, den eigenen Vorstandsvorsitzenden anzuklagen und öffentliche Nestbeschmutzung betreiben zu wollen. Ultimatum ist also stets ein Handlungsmuster, das die Durchsetzung eigener Positionen erzwingen will, indem für den Fall des Nicht-Eingehens auf das Ultimatum Konsequenzen angedroht werden, die unabhängig von ihrer Art und Weise unwiderruflich und unnachgiebig exekutiert werden. Die Strategie kapitalisiert damit eine in der Zukunft zugetraute Entschlossenheit für die Verhandlungsposition der Gegenwart. oa

Der Hungerstreik Mahatma Gandhis als selbst definiertes Ultimatum an das eigene Leben und letzte Chance für die Briten, ihre moralische Unterlegenheit nicht durch einen Märtyrer verewigen zu lassen

Aus! Aus! Aus!-Aus!-Das Spiel ist aus! – Deutschland ist Weltmeister. Die Spieler liegen sich in den Armen, demonstrieren mannschaftliche Geschlossenheit und begründen so den Mythos der elf Freunde

Aggressionsbereitschaft durch Umarmung eindämmen und die Spielräume für eine Verletzung wechselseitiger Loyalitäten einschränken: Sarkozy und Merkel in Paris bei der Umarmung ihres Konfliktes zur Bildung einer Mittelmeerunion unter französischer Führung

[1] vgl. Erving Goffman: Relations in Public. New York 1971
[2] vgl. Michael Argyle: Körpersprache und Kommunikation: Das Handbuch zur nonverbalen Kommunikation. Paderborn 1996
[3] vgl. Konrad Lorenz: Er redete mit dem Vieh, den Vögeln und den Fischen. München 1998
[4] Lukas 15, 11-32
[5] Roland Barthes: Mythen des Alltags. Frankfurt 1964

Die Umarmung wird in nahezu allen Kulturen als Freundschaftsgeste verstanden. Menschen lassen dabei andere in ihr persönliches Territorium, also den sie unmittelbar umgebenden Raum, eindringen[1] und bringen ihrem Gegenüber damit Vertrauen entgegen. Sie verlassen sich darauf, dass der Andere ihnen nichts zuleide tut. Nach Meinung von Anthropologen halten sich Menschen instinktiv im Abstand einer Armlänge auf Distanz, da sie es so vermeiden, direkt von der Faust ihres Gegenübers getroffen zu werden.[2] Im Nahen Osten gab es früher noch ein weiteres Motiv für die innige Umarmung: Der Akteur erhielt so die Möglichkeit, sein Gegenüber unauffällig nach Waffen abzutasten. Noch größere Möglichkeiten der Kontrolle sah der chinesische General Sun Tzu: *Wenn Du Deinen Feind umarmst, kann er sich nicht bewegen.*

Nicht nur Menschen, auch Affen umarmen sich bei der Begrüßung. Konrad Lorenz nahm bereits 1949 in Er redete mit dem Vieh, den Vögeln und den Fischen an, dass die ritualisierte Zeremonie dazu dient, Aggressionen abzubauen und den Anderen zu beschwichtigen.[3] Umarmungen finden auch bei gemeinsamer Freude statt: Im Sport liegt sich eine Mannschaft nach einem erzielten Treffer oder einem gewonnen Spiel demonstrativ in den Armen. Legendär sind die Aufnahmen der deutschen Fußball-Nationalmannschaft nach ihrem WM-Triumph 1954 in Bern, aus denen sich heute noch der Mythos der *elf Freunde* nährt. Die Umarmung kann auch ein Zeichen der Vergebung sein, wie bei dem biblischen Gleichnis vom Vater und dem Sohn, der seinen ausgezahlten Erbanteil verprasste und reumütig zu seinem Vater zurückkehrte. Aber statt ihm etwas vorzuwerfen, umarmte der Vater ihn.[4]

Größere strategische Relevanz erhält die Umarmung, wenn sie ihre universale kulturelle Codierung aufgreift, diese aber zur Erreichung eines anderen Ziels eingesetzt wird. Der Akteur weiß dabei um die *unbewussten* und *kollektiven Bedeutungen*[5] der Umarmung, setzt sie bewusst für seine Zwecke ein und gibt ihr damit eine neue Intention. Der Körper spricht hier bewusst eine andere Sprache als der Geist. Wird die Umarmung beim Konfliktmanagement eingesetzt, werden eigene Grundsätze oder Standpunkte ein Stück weit aufgegeben, um Verbündete für eine Sache zu gewinnen. Der Vorteil

POSITION	SICHERN	ENTWICKELN	VERMITTELN

POTENZIAL	SICHERN	ENTWICKELN	VERMITTELN

dieser Vorgehensweise besteht darin, einen Disput, dessen Ausgang ungewiss ist, zu vermeiden, seinem Gegenüber gar nicht erst die Möglichkeit der Entfaltung zu geben und ihn in seiner Bewegungsfreiheit einzuschränken. Durch die Umarmung und die damit verbundene körperliche Berührung nähern sich Gegner mehr oder weniger unbewusst aneinander an. Die Art dieser Intimität dokumentiert auch die Nomenklatur der Sexualwissenschaft, die zu Beginn des 20. Jahrhunderts noch *Wissenschaft der Umarmung* hieß. Diese Strategie macht sich also die genetische Disposition und kulturelle Prägung des Menschen zu Eigen: Es fällt schwerer, eine Gegenmeinung gegenüber einem nahestehenden Freund als gegenüber einem Feind in sicherer Entfernung einzunehmen.

So umarmte der russische Ministerpräsident Wladimir Putin nach der Flugzeugkatastrophe von Smolensk im Jahr 2010, bei der unter anderem der polnische Staatspräsident Lech Kaczynski starb, symbolträchtig den polnischen Ministerpräsidenten Donald Tusk in aller Öffentlichkeit, um wieder aufkeimende Ressentiments zwischen den beiden Ländern direkt zu unterbinden. Noch fünf Jahre zuvor, im Sommer 2005, waren die bilateralen Beziehungen so gestört, dass polnische Diplomaten in Moskau und russische Diplomatenkinder in Warschau krankenhausreif geschlagen wurden. mf

Skulptur von Ernst Steinacker:
Wenn Feinde sich umarmen

Den anderen beschwichtigen:
Affen pflegen während der
Umarmung sogar noch das Fell
ihres Gegenübers, was Experten
als *grooming* bezeichnen

Extreme Form der Umarmung:
Der berühmte Bruderkuss zwischen Leonid Breschnew und
Erich Honecker wurde durch
Graffiti auf der Berliner Mauer und Plakate zum Symbol der
Kontrolle und Einschränkung
der DDR durch die Sowjetunion

Gerhard Richter: Selbstport-
rät. 1996

Die Strategie der Unschärfe ist vor allem in der Politik und Werbefotografie beliebt, aber auch in der Logik und Philosophie.[1] Unscharf
im Sinne von unbestimmt und ungewiss zu sein, bietet Politikern
ein breiteres Spektrum an Wählern und Verbündeten, weil deren
Erwartungen sich in der Unschärfe der Versprechungen und Positionen überlappen können. Unschärfe steigert die Mehrheitsfähigkeit
ebenso wie die Koalitionsoptionen. Als Meister politischer Unschärfe gilt Hans-Dietrich Genscher[2], der mit der FDP die Koalition mit
der SPD aufkündigte, um sofort im Anschluss mit der CDU wieder zu
regieren. Er hat die Kunst politischer Indifferenz methodisch verfei-
nert und in seinen Interviews stets einen *Baukasten aus rhetorischen
Allgemeinheiten*[3] verwendet.

In Philosophie und Logik meint unscharf einen Zustand, der weder
wahr noch falsch ist. Dennoch ist es der sogenannten verschwom-
menen Logik, der fuzzy logic, gelungen, vermeintlich unscharfe Begriffe wie *ein bisschen* oder *ziemlich* mathematisch zu operationali-
sieren. Seit Platon weiß die Erkenntnistheorie um die Vorzüge des
Unscharfen als Zwang zur Abstraktion und Überbrückung von Ge-
gensätzen.[4] Unschärfe steht in der Logik wie in der Optik in engem
Zusammenhang mit Interferenzen und trifft sich hier mit dem Verständnis von Unschärfe als Überlagerung oder Überlappung von
Bedeutungsebenen. In der Linguistik wird Unschärfe oder Vagheit
durch einen ungenauen Begriffsumfang definiert, also die Exten-
sion oder Vergrößerung von Bedeutungsraum. Eine mögliche Aus-
weitung und Dehnbarkeit von Positionen und Potenzialen durch
systematische Unschärfe ist ein Produkt ihrer Oberflächenvergrößerung. Das Handlungsmuster Unschärfe gehört in die Gruppe der
Vermittlungsstrategien und maximiert die Vermittelbarkeit von
Potenzialen. Sie wird gelegentlich auch als Gelobtes Land-Strategie
bezeichnet, weil jeder Führer, der sich aufmacht, seine Leute irgend-
wo hinzuführen, eine unscharfe und allgemeinheitsfähige Vision
der gelobten Zukunft entwickeln muss, um alle mitzunehmen und
alle zu mobilisieren.

Wie Wolfgang Ulrich in seiner Geschichte der Unschärfe ·2002·
aufgezeigt hat, ist Unschärfe ein inflationär eingesetztes Stil- und
Darstellungsmittel der Werbefotografie. Mit Weichzeichnung, Be-

[1] *Ist denn nicht oft das Unscharfe gerade das, das man
braucht?* Ludwig Wittgenstein:
Philosophische Untersuchungen. Frankfurt 1964
[2] siehe http//:einestages.
spiegel.de
[3] ebd.
[4] In seinem Höhlengleichnis
erklärt Platon, die Außenwelt
sei für uns Menschen nur in
Form von Schatten auf der
inneren Höhlenwand unseres
Körpers existent. Unsere
Sinne können die Außenwelt
nicht wirklich wahrnehmen,
denn sie sind in unserem
Körper gefangen. Dennoch sind
die Rückschlüsse, die wir
anhand der Schatten auf die
Außenwelt treffen können,
nützlich, weil zumindest in
einem abstrakten Sinne wahr

POSITION	SICHERN	ENTWICKELN	VERMITTELN

POTENZIAL	SICHERN	ENTWICKELN	VERMITTELN

wegungsunschärfe, Überbelichtung oder auch hochgezoomten Pixeln stehen hier gleich mehrere technische Methoden der Unschärfe zur Verfügung, welche die Attraktivität des fotografierten Sujets durch visuelle Unschärfe steigern wollen, indem sie bspw. mit Bewegungsunschärfe Dynamik oder mit Weichzeichnung Verklärung suggerieren wollen. Auch hier dient die Abstraktion des Sujets durch Unschärfe und die damit verbundene Vergrößerung des Assoziationsraumes für den Betrachter als Erfolgsprinzip der Oberflächenvergrößerung gegenüber Zielgruppen im Wettbewerb um Aufmerksamkeit. Mit Unschärfe werden auch in solchen Zeiten, in denen Millionen Profi-Fotografen und Milliarden Hobby-Fotografen eigentlich schon alles fotografiert haben, noch ungesehene Fotos ermöglicht und sensationsfähig. Unschärfe leistet als Strategem also insgesamt eine Maximierung der Vermittelbarkeit von Positionen und Potenzialen gegenüber einer größeren Zielgruppe durch unscharfe Projektionsflächen, auf denen sich viele einlesen und wiederfinden können. Unschärfe beutet die Assoziationen der Zielgruppe aus. Darüber hinaus kann man das Handlungsmuster als analytische Strategie anwenden, um das Wesentliche einer Sache dann am besten erkennen zu können, wenn man sie durch eine Milchglasscheibe betrachtet. Hier ist Unschärfe ein Stimulans für den Fortschritt des Denkens in der Abstraktion. zi

If your memory needs help.
Kampagne von Scholz & Friends
für Lecithin

Verfremdung eines Statussymbols

Adbusting: Verfremdung von Anzeigenmotiven, Markenlogos und -claims als Kritik an der Konsumgesellschaft

Bei der Verfremdung handelt es sich um eine spezielle Form der nachahmenden Darstellung. Im Unterschied zur klassischen NACH-AHMUNG zielt sie jedoch nicht auf eine Annäherung an das Original, sondern gerade auf eine gezielte Abweichung. Dies geschieht durch eine Überhöhung, Verzerrung, Reduktion, den Austausch oder das Herauslösen einzelner Elemente.

Besonders verbreitet sind Verfremdungen in Form von Stilisierung. Als solche sind sie Bestandteil vieler Kunstformen, insbesondere in außereuropäischen Theatertraditionen. Bekannt ist der Verfremdungseffekt als zentrales Element des vom japanischen Kabuki-Theater inspirierten epischen Theater Bertolt Brechts: Gezielte Brüche in der Darstellung und die dadurch entstehende Irritation sollen bewirken, dass die Zuschauer eine kritische Haltung zum Geschehen aufbauen und Vertrautes aus einem neuen Blickwinkel betrachten. Auch die verschiedenen Unterarten der Satire arbeiten mit Verfremdungen in Form von inhaltlichen oder stilistischen Brüchen.

Als strategisches Handlungsmuster ist die Verfremdung Bestandteil von Vermittlungsstrategien. Genutzt wird sie überwiegend, um gegen dominante Positionen anzugehen und sie fragwürdig erscheinen zu lassen. Dabei zielt die Aktion nie auf den direkten Gegner, sondern auf ein Publikum, das dem, was es bisher für normal und unangreifbar hielt, entfremdet werden soll. Meist wird sie aus einer Position der Unterlegenheit heraus angewandt, kann aber verblüffende Kraft entfalten, indem sie durch gekonntes Spielen mit Rezeptionsgewohnheiten die Bedeutung des Originals verschiebt.

In der Rhetorik tauchen Verfremdungen als Bestandteil der subversiven Argumentation auf. Hier wird die Position des Gegners imitiert, aber in einer Form, die Widersprüche oder Schwächen seiner Argumentation offensichtlich hervorhebt. Der österreichische Philosoph Hubert Schleichert empfiehlt diese rhetorische Technik zum Einsatz gegen fundamentalistische Positionen[1]: Ist der Gegner selbst nicht zu überzeugen, kann der Redner mit Hilfe von Verfremdungseffekten die Zuhörer in eine kritische Distanz zwingen.

Verfremdungen werden häufig kalkuliert als Teil einer politischen Strategie genutzt. Z. B. sehen Theoretiker der Queer-Bewegung wie Judith Butler[2] die gezielte Verfremdung von Geschlechterrollen

[1] vgl Hubert Schleichert: Wie man mit Fundamentalisten diskutiert, ohne den Verstand zu verlieren. Anleitung zum subversiven Denken. München 1997

[2] Judith Butler: Gender Trouble Feminism and the Subversion of Identity. New York 1990

POSITION	SICHERN	ENTWICKELN	VERMITTELN

POTENZIAL	SICHERN	ENTWICKELN	VERMITTELN

durch Travestie als ein Mittel zur deren DEKONSTRUKTION | Strategie der subversiven Wiederholung |. Auch das Radical Advertising setzt auf den Verfremdungseffekt, indem es bekannte Formen aufgreift und sie nutzt, um die eigenen Inhalte zu transportieren.

Nicht jede Form der Verfremdung ist an sich schon subversiv – zum strategischen Handlungsmuster wird sie nur, wenn sie zielgerichtet und mit einer klaren Intention eingesetzt wird. So kann Travestie auch schlicht der Unterhaltung dienen. Ebenso wird der Witz, der oft mit Verfremdungseffekten arbeitet, meist als *harmlos* wahrgenommen – ist aber auch im Rahmen einer Angriffsstrategie einsetzbar: dosiert von der sanften Parodie bis zur beißenden Satire. tg

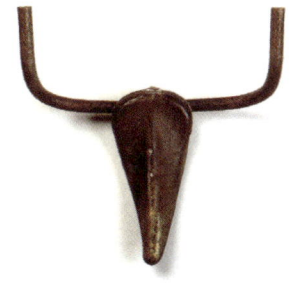

Verfremdung als Stilisierung. Pablo Picasso: Stierkopf. 1942

Meret Oppenheimer: Frühstück im Pelz. 1936

Grace Kelly mit der Hermès
Kelly Bag, der Mutter aller
It-Bags. Hermès bewahrt bis
heute die Tradition der Manu-
faktur und verknappt seine
Waren durch den Verzicht auf
Massenproduktion

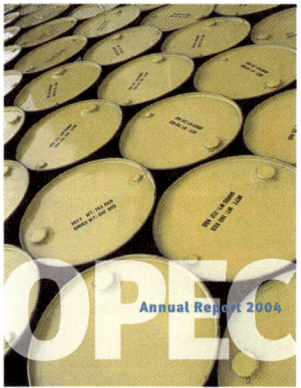

Die OPEC als Organisaton
Erdöl fördernder Staaten verknappt die Produktion künstlich, wenn der Preis zu sinken
droht

¹ siehe dazu z.B.: netethics.
net, Portal zur Informations-
ethik

Als Strategie ist Verknappung immer künstlich. Der Volksmund kennt sie als List des *sich rar machens*, insbesondere beim Werben in der Liebe. Attraktivität und Begehrlichkeit steigern zu können, indem man sie nur spärlich dosiert zur Verfügung stellt, ist eine Alltagserfahrung, die viele Menschen allein deshalb teilen, weil das Erlebnis von Liebesentzug als die anthropologische Form der Verknappung immer nachhaltig in Erinnerung bleibt. Die ökonomische Logik des Handlungsmusters künstliche Verknappung wird deutlich, wenn wir nicht dem knapp, sondern dem rar folgen, von lat. *rara*, selten. Dass innerhalb einer Kategorie Raritäten begehrter und wertvoller sind als massenhaft verfügbare Dinge, leuchtet jedermann sofort ein. Die Strategie einer künstlichen Verknappung will durch Limitation von Verfügbarkeit den Wert, die Begehrlichkeit oder den Preispunkt in die Höhe treiben, sei es von Waren, Gütern, Produkten, Informationen, Kunst oder individueller Wertschätzung. Bekannte Beispiele einer künstlichen Verknappung bei Markenprodukten bilden die beiden französischen Luxusmarken Hermès und Louis Vuitton, deren legendäre Damenhandtaschen seit Jahrzehnten nur über Wartelisten vermarktet werden. Wer als nicht Prominenter die weltberühmte Kelly Bag oder Birkin Bag käuflich erwerben möchte, muss lange warten, ehe er überhaupt in ihre Nähe kommt. Dann tut sich ein Zeitfenster von 24 Stunden auf, innerhalb dessen man die Chance und Ehre erhält, das Objekt der Begierde für 4000 Euro zu übernehmen. Weil Hermès und Louis Vuitton diejenigen Luxuslabels mit der restriktivsten Verknappungspolitik sind, wurden sie automatisch auch zu den meist kopierten Produkten und häufigsten Opfern von Produktpiraterie weltweit. Dass ein knappes und begehrtes Gut aus Ersatzstoffen zu imitieren versucht wird, ist zwangsläufig, dass es sich beim seltensten dieser knappen Güter am meisten lohnt, ist logisch. Ein bekanntes Beispiel systematischer Verknappungspolitik bietet das italienische Familienunternehmen Ferrero, das mehrere seiner Produkte, wie z. B. Mon Chérie nur saisonal anbietet. Die vorgeblich bedingte Verfügbarkeit der sogenannten Piemont-Kirsche steigert die Begehrlichkeit und Preisbereitschaft nach Phasen des künstlichen Entzugs. Die Verknappung von Informationen innerhalb der Systematik ei-

POSITION	SICHERN	ENTWICKELN	VERMITTELN

POTENZIAL	SICHERN	ENTWICKELN	VERMITTELN

ner Strategie kennen wir aus der polizeilichen und staatsanwaltlichen Ermittlungsarbeit als Schutz vor Vertuschung und Manipulation laufender Verfahren, außerdem aus der Welt der Geheimdienste und dem hohen Wert solcher Informationen, die eigentlich gar nicht zu haben sind, sowie neuerdings aus der Debatte um die Wissensökologie. Die Verfechter einer nicht proprietären Wissenskultur und Wissensökonomie insbesondere im Internet schlagen Verknappung von Wissen und Information durch die Intellektuellen als einzig mögliche Strategie gegen zunehmende Ausbeutung der Urheberrechte von Wissensproduzenten durch die Industrie vor.¹ Verknappung ist ein universales strategisches Handlungsmuster zur Wertsteigerung von materiellen und immateriellen Gütern. zi

Saisonverknappung als Strategie des ewigen Comebacks der Piemont-Kirsche bei Ferrero

Alfred Graf von Schlieffen

Geschäftsmodelle sterben langsam, wenn sich neue Fronten auftun. Gegen die Front der Fachgeschäfte konnte das Warenhaus sich lange behaupten, aber gegen die seit den 1990er Jahren entstehende zweite Front von Discountmärkten im Textil- und Elektronikbereich war man machtlos

Zweifrontenkrieg in der Energiewirtschaft: wachsender Druck auf Laufzeiten von Atomkraftwerken bei gleichzeitiger Blockade neuer Kohlekraftwerke. Im Bild das Kohlekraftwerk Datteln 4, für das Umweltverbände einen Baustopp erzwungen haben

Ein Zweifrontenkrieg wird immer dann empfohlen, wenn ein einzelner Gegner in Konflikt mit mehreren anderen gerät, die einzeln vielleicht schwächer, zusammen aber stärker sind. *Sich mit dem fernen Feind verbünden*, um *den nahen Feind anzugreifen*, empfiehlt das chinesische Strategem Nr. 23, nach Harro von Senger, in diesem Falle. Weil strategischer Nutzen immer Mehrnutzen sein sollte, resultiert die Leistung des Handlungsmusters also weniger aus der Aufspaltung und Verzettelung vorhandener Ressourcen, sondern aus der Mobilisierung zusätzlicher Kräfte, die den Gegner an einer anderen Front schwächen. Eine zweite Front gegen den Feind nicht aus den eigenen Möglichkeiten oder auch Freunden zu schöpfen, sondern vorübergehend mit anderen Feinden zu kooperieren, um diesen Feind zu vernichten, ist der eigentliche Mehrwert des Handlungsmusters.

Zwei Fronten-Strategien scheinen der von Clausewitz vorgegebenen Konzentration der Kräfte auf einen Schwerpunkt zu widersprechen. Sie ergeben sich aber aus der Ausgangssituation, im Fall des entfernten Verbündeten aus der Geographie der zentralen Lage einer der Konfliktparteien. Attacken an zwei Fronten können in besonderer Weise Verwirrung schaffen und dadurch einen entscheidenden strategischen Vorteil bringen. Auch in kriegerischen Alltagssituation wird der Angriff an zwei Fronten gern praktiziert. Michael Douglas wird im Film Enthüllung ·1994· durch Demi Moore nicht nur sexuell attackiert, sondern auch dem Vorwurf, durch Fehlentscheidungen Produktionsprobleme in der Firma verursacht zu haben. Politisch bietet die Eröffnung einer neuen Front immer eine Chance, von ungelösten oder unlösbaren Problemen abzulenken. Hier ist das Setzen oder Ergreifen eines neuen Themas gerade deshalb besonders aussichtsreich, weil die *Ökonomie der Aufmerksamkeit* |Georg Franck| permanent nach neuen Reizen sucht. Reine Ablenkungsmanöver gehören in das Feld der Taktik. Strategisch werden sie dann relevant, wenn wesentliche oder gar entscheidende Kräfte auf eine neue Frontlinie konzentriert werden und dort erfolgversprechend agieren.

Die deutschen Stromversorger stehen ebenfalls in einem Zweifrontenkrieg. Einerseits müssen die Atomkraftwerke stillgelegt werden,

POSITION	SICHERN	ENTWICKELN	VERMITTELN

POTENZIAL	SICHERN	ENTWICKELN	VERMITTELN

andererseits üben Bürgerinitiativen wirkungsvollen Druck gegen neue Kohlekraftwerke, teils auch gegen neue Windanlagen aus. Es bleibt abzuwarten, ob sie einen Punkt finden werden, aus dieser Umkreisung auszubrechen. Die Gegenstrategie der Konfliktpartei, die von zwei Seiten in die Zange genommen wird und dadurch in eine strukturell unterlegene Situation gerät, kann darin bestehen, so viele Kräfte wie möglich unter Ausnutzung der inneren Verbindungslinien auf eine der Fronten zu konzentrieren. So hat Friedrich der Große im *Siebenjährigen Krieg* im Osten gegen Österreich und Russland den Erfolg gesucht, während im Westen gegen Frankreich nur hinhaltend gekämpft wurde. Umgekehrt versuchte das deutsche Heer ·1914· durch den berühmten Schlieffen-Plan Frankreich sehr rasch durch einen großangelegten Angriff zu schlagen, ehe die russische Armee mobil machen konnte, was jedoch scheiterte. Die Mobilisierung der russischen Streitkräfte unter Nikolaus II. erfolgte schneller als erwartet und vor der Bezwingung Frankreichs, so dass Deutschland sich in einem Zweifrontenkrieg wiederfand.

Der Einsatz des Handlungsmusters ist immer dann aussichtsreich, wenn die Koordination mit dem entfernten Partner so gut funktioniert, dass nicht einer nach dem anderen geschlagen werden kann, sondern der Druck an beiden Fronten gleichzeitig erfolgt. Der Zeitfaktor ist dabei entscheidend. Der strategische Einsatz des Handlungsmusters verlangt stets nach zusätzlich und unerwartet mobilisierbaren Ressourcen. wrs

Demi Moore eröffnet in diesem Film zwei Fronten gegenüber Michael Douglas und setzt ihn gleich doppelt unter Druck: sexuell und mit der Drohung, sie würde seine Fehlentscheidungen als Manager offenlegen

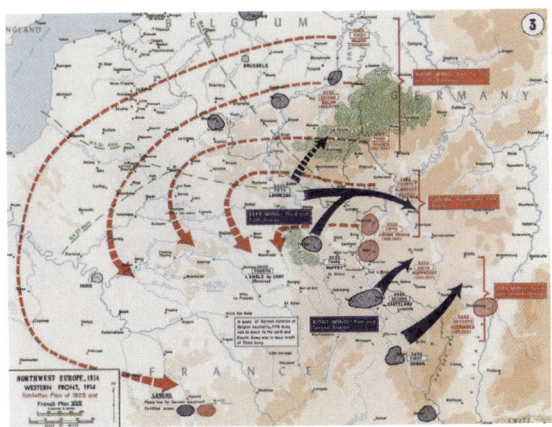

Schlieffen-Plan

Anhang

A

Theodor W. Adorno: Die revidierte Psychoanalyse.
In: Gesammelte Schriften. Hg. Rolf Tiedemann.
Band 8: Soziologische Schriften.
Frankfurt 1972

Theodor W. Adorno: Funktionalismus heute.
In: Gesammelte Schriften. Hg. Rolf Tiedemann.
Band 10: Ohne Leitbild.
Frankfurt 1977

George Akerlof, Robert Shiller: Animal Spirits.
Frankfurt/New York 2009

Günther Anders: Die Antiquiertheit des Menschen.
München 1956.

Michael Argyle: Körpersprache und Kommunikation.
9. Aufl. Paderborn 2005

Robert Axelrod: Die Evolution der Kooperation.
Oldenbourg, München 1987

B

Corona Bamberg: Askese. Faszination und Zumutung.
St. Ottilien 2008

Albert Bandura, Richard Haig Walters: Social
Learning and Personality Development.
New York 1963

Roland Barthes: Mythen des Alltags.
Frankfurt 1990

Hans Blumenberg: Schiffbruch mit Zuschauer.
Frankfurt 1997

Ralf Bollmann: Reform. Ein deutscher Mythos.
Berlin 2008

Pierre Bordieu: Die feinen Unterschiede.
Frankfurt 1987

Uta Brabdes, Michael Erlhoff: Non intentional Design.
Köln 2006

Michael Braungart, William McDonough: Cradle to
Cradle. Remaking the Way We Make Things.
New York 2002

Judith Butler: Gender Trouble Feminism and
the Subversion of Idenity.
New York 1990

C

Robert C. Camp: Benchmarking.
München 1992

Carl von Clausewitz: Vom Kriege.
Stuttgart 1980

D

Ralf Dahrendorf: Pfade aus Utopia.
München 1974

Hans Domizlaff: Die Gewinnung des öffentlichen
Vertrauens. Ein Lehrbuch der Markentechnik.
7. Aufl. Hamburg 2005

Peter Drucker: Innovation and Entrepreneurship.
New York 1999

E

Europäisches Zentrum für Föderalismus-Forschung
|Hg.|: Jahrbuch des Föderalismus 2009. Föderalismus,
Subsidiarität und Regionen in Europa.
Tübingen 2010

Peter Eisenman: Aura und Exzeß. Zur Überwindung
der Metaphysik der Architektur.
Wien 1995

Norbert Elias: Die höfische Gesellschaft.
Frankfurt 2002

Hartmut Esser: Integration und ethnische Schichtung.
Mannheim 2001

F

Roger Fisher, William Ury: Getting to Yes.
New York 1981

Egon Flaig: Den Kaiser herausfordern. Die Usurpation im römischen Reich.
Frankfurt/New York 1992

Dierk Franck: Verhaltensbiologie.
Stuttgart 1985

Georg Franck: Ökonomie der Aufmerksamkeit.
München, Wien 1998

Siegmund Freud: Totem und Tabu.
In: Studienausgabe. Band IX.
Frankfurt 2000

G
Johan Galtung, Mari Ruge: The Structure of Foreign News. In: Journal of Peace Reserach 2|1965

Arnold Gehlen: Anthropologische Forschung.
Reinbek 1961

Karl Gerstner: Programme entwerfen.
Baden 2007

Friedrich Glasl: Konfliktmanagement. Ein Handbuch für Führungskräfte, Beraterinnen und Berater.
Stuttgart 2004

Erwin Goffman: Das Individuum im öffentlichen Austausch. Mikrostudien zur öffentlichen Ordnung.
Neuaufl. Frankfurt 2009

Erwin Goffman: Stigma. Über Techniken der Bewälti-gung beschädigter Identität.
Frankfurt 1999

Rainer Guldin: Körpermetaphern. Zum Verhältnis von Politik und Medizin.
Würzburg 1999

H
Jürgen Habermas: Theorie des kommunikativen Handelns.
Frankfurt 1981

Kenya Hara: Designing Design.
Baden 2007

Samuel P. Huntington: The Clash of Civilizations.
New York 1996

I
Ronald Inglehart: The Silent Revolution.
Princeton 1977

J
Jeff Jarvis: What Would Google do?
New York 2009

Tanizaki Jun'ichiro: Lob des Schattens.
Zürich 1988

K
Wilhelm Kempf: Gewaltursachen und Gewaltdynamiken in Konflikt und Gewalt.
Münster 2000

Naomi Klein: The Shock Doctrine. The Rise of Desaster Capitalism.
New York 2007

Philip Kotler, Ravi Singh: Marketing Warfare in the 1980s. In: Journal of Business Strategy.
Winter 1981

Christian Graf von Krockow: Reform als politisches Prinzip.
München 1976

Thomas S. Kuhn: Die Struktur wissenschaftlicher Revolutionen.
Frankfurt 1967

L
Leibniz Gemeinschaft |Hg.|: Bildung fördern. Teilhabe ermöglichen. In Zwischenruf 1|2008

Jay C. Levinson: Guerilla Marketing.
Frankfurt 1990

Claude Lévy-Strauss: Das wilde Denken.
Frankfurt 1962

Wolfgang Lipp: Stigma und Charisma.
Berlin 1985

Walter Lippmann: Public Opinion.
New York 1992

Adolf Loos: Ornament und Verbrechen.
In: Die Schriften von Adolf Loos in zwei Bänden.
Band II: Trotzdem.
Innsbruck 1931

Konrad Lorenz: Er redete mit dem Vieh, den Vögeln
und den Fischen. 44. Aufl.
München 2008.

Niklas Luhmann: Veränderungen im System gesellschaftlicher Kommunikation und die Massenmedien.
In: Oskar Schatz |Hg|: Die elektronische Revolution.
Graz 1975

Niklas Luhmann: Soziale Systeme.
Frankfurt 1987

Niklas Luhmann: Vertrauen.
Stuttgart 2000

M

Thomas Malthus: Principles of Political Economy.
2. Aufl. London 1836

Carlos Marighella: Minihandbuch des Stadtguerilleros.
In: Sozialistische Politik 2, Nr. 6|7 1970

Karl Marx: Das Kapital. Erster Band: Der Produk-
tionsprozess des Kapitals.
37. Aufl. Berlin 2008

Stefan Marx: Die Legende vom Spin Doctor.
Regierungskommunikation unter Schröder und Blair.
Wiesbaden 2008

Bruce Mau: Massive Change. London, New York 2004

Heribert Meffert, Christoph Burmann, Manfred
Kirchgeorg: Marketing.
Wiesbaden 2008

Robert K. Merton: Social Theory and Social Structure.
New York 1968

Henry Mintzberg: Strategy Safari. New York 1999.

Desmond Morris: Manwatching. Reisen zur Erforschung
der Spezies Mensch.
München 2002

N

John von Neumann, Oskar Morgenstern: Theory of Games
and Economic Behavior. 60th Anniversary Edition.
Princeton 2004

O

Einar Östgaard: Factors Influencing the Flow of News.
In: Journal of Peace Reserach 2|1965

Bolko von Oetinger |Hg|: Das Boston Consulting Group
Strategie-Buch.
Düsseldorf 1993

David Ogilvy: Geständnisse eines Werbemannes.
Erg. und überarb. Aufl. Düsseldorf 1975

Wally Olins: The Brand Handbook.
London 2008

Charles E. Osgood: Perspective in Foreign Policy.
Palo Alto 1966

P

Rainer Paris: Stachel und Speer. Machtstudien.
Frankfurt 1998

John Pawson: Minimum.
London, New York 1992

Frank Piller: Handbook of Research in Mass Customization and Personalization. Vol 1.
New Jersey 2009

Michael Porter: Competetive Advantage.
New York 1985

Michael Porter: Wettbewerbsstrategie.
Frankfurt/New York 1999

Neil Postman: Wir amüsieren uns zu Tode. Urteils-
bildung im Zeitalter der Unterhaltungsindustrie.
Frankfurt 1985.

Cuno Pümpin, Christian Wunderlich: Unternehmensentwicklung. Corporate Life Cycles. Metamorphose
statt Kollaps.
Bern 2005

R

Anatol Rapoport: Prisoner's Dilemma. A Study
in Conflict and Cooperation.
Michigan University Press 1965

Joachim Raschke, Ralf Tils: Politische Strategie.
Wiesbaden 2007

Al Ries, Jack Trout: The 22 Immutable Laws of
Marketing.
North Carolina 1993

David Riesman: The Lonely Crowd. A Study of the
Changing American Character.
Yale University Press 2001

Michael Rosenbaum: Chancen und Risiken von
Nischenstrategien.
Wiesbaden 1999

S

Hubert Schleichert: Wie man mit Fundamentalisten
diskutiert, ohne den Verstand zu verlieren.
Anleitung zum subversiven Denken.
München 1997

Alice Schroeder: The Snowball. Warren Buffett and
the Business of Life.
New York 2008

Winfried Schulz: Die Konstruktion von Realität
in den Nachrichtenmedien.
Freiburg, München 1976

Harro von Senger: 36 Strategeme für Manager.
3. Aufl. München 2009

Harro von Senger: Strategeme.
3. Aufl. Bern, München, Wien 2004

Werner Sengenberger: Struktur und Funktionsweise
von Arbeitsmärkten. Die Bundesrepublik Deutschland
im internationalen Vergleich.
Frankfurt 1987

Hermann Simon: Das große Handbuch der Strategie-
konzepte.
2. Aufl. Frankfurt/New York 2000

Hermann Simon: Hidden Champions des 21. Jahrhunderts.
Die Erfolgsstrategien unbekannter Weltmaktführer.
Frankfurt/New York 2007

John Maynard Smith: The Theory of Evolution.
London 1958.

T

Gabriel Tarde: Das Gesetz der Nachahmung.
Frankfurt 2003

Victor Turner: The Ritual Process. Structure and
Antistructure.
New York 1969

Sun Tzu: The Art of War.
Boulder/Oxford 1994

V

Paul Veyne: Brot und Spiele. Gesellschaftliche Macht
und politische Herrschaft in der Antike. Frankfurt |
New York 1988

W

Helmut Wilke: Systemtheorie I: Grundlagen.
Eine Einführung in die Theorie der sozialen Systeme.
7. Aufl. Stuttgart 2006

Michael Wink: Molekulare Biotechnologie.
Weinheim 2004

Bernd W. Wirtz: Merger & Acquisition Management.
Wiesbaden 2005

Ludwig Wittgenstein: Philosophische Untersuchungen.
Frankfurt 1964

Lem Semjonowitsch Wygotski: Ausgewählte Schriften.
Band 1: Arbeiten zu theoretischen und methodologi-
schen Problemen der Psychologie.
Köln 1985.

Z
Rainer Zimmermann: Interne und externe Kommuni-
kation. In: Handbuch Mergers & Acquisitions.
Hg. Gerhard Picot. 2. Aufl. Stuttgart 2002.

oa | Olaf Arndt
Unternehmer, Managing Partner Deekeling Arndt Advisors in
Communication GmbH

ta | Tiglet Aslan
Politologe, Senior Consultant Deekeling Arndt Advisors in
Communication GmbH

db | Dr. Dirk Barghop
Historiker, Managing Partner Deekeling Arndt Advisors in
Communication GmbH

ed | Egbert Deekeling
Unternehmer, Managing Partner Deekeling Arndt Advisors in
Communication GmbH

mf | Michael Fuchs
Soziologe, Director Deekeling Arndt Advisors in Communication
GmbH

tg | Tina Gräf
Kulturanthropologin, Senior Consultant Deekeling Arndt Advisors
in Communication GmbH

nk | Nicola Karnick
Sprachwissenschaftlerin, Senior Consultant Deekeling Arndt Advisors in Communication GmbH

mk | Marius Kursawe
Kommunikationswissenschaftler, Consultant Deekeling Arndt
Advisors in Communication GmbH

km | Kai Mahnert
Wirtschaftswissenschaftler, Consultant Deekeling Arndt Advisors
in Communication GmbH

hwn | Prof. Dr. Heinz-Werner Nienstedt
Ökonom, Professor für Medienmanagement an der Johannes-
Gutenberg-Universität Mainz

wrs | Prof. Dr. Walter Reese-Schäfer
Politologe, Professor für politische Theorie und Ideengeschichte an
der Georg-August-Universität Göttingen

ar | Anne Rühl
Romanistin, Consultant Deekeling Arndt Advisors in
Communication GmbH

ks | Kathrin Schuberth
Politologin, Junior Consultant Deekeling Arndt Advisors in
Communication GmbH

ms | Manuela Stein
Historikerin, Senior Consultant Deekeling Arndt Advisors in
Communication GmbH

zi | Prof. Dr. Rainer Zimmermann
Hermeneut und Soziologe, Professor für Kommunikationsdesign
an der Fachhochschule Düsseldorf

Seite 7: Jörg Sasse, Bild 8246, 2000/VG Bild-Kunst, Bonn 2010
Seite 8: Buchcover T. R. Malthus: Principles of Political Economy, Cambridge University Press
Seite 9: Buchcover Carl von Clausewitz: Vom Kriege, Insel Verlag; Buchcover Sun Tzu: Art of War, Basic Books
Seite 10: Buchcover Jürgen Habermas: Theorie des kommunikativen Handelns, Suhrkamp
Seite 13: Buchcover Harro von Senger: 36 Strategeme für Manager, Piper
Seite 26: SkyMall; Buchcover Heinrich Hoffmann: Der Struwwelpeter, Esslinger Verlag; Carol Beckwith/Angela Fisher
Seite 27: de.academic.ru/pictures/dewiki/77/MoskauRoterPlatzSeptember1990.jpg; Foto: Divulgação/Ministério da Saúde; aus: The Times vom 6. Oktober 2009
Seite 28: Logo von Star Alliance
Seite 29: Craig Thorpe; aus Herrmann Kinder/Werner Hilgemann: dtv-Atlas zur Weltgeschichte, Band 2, dtv
Seite 30: Research & Development Inc; http://lh5.ggpht.com/_EfioBHbOXCo/SPIgrnmcX-wI/AAAAAAAAPcO/w2HK1Grel3I/IMG_1217.JPG
Seite 31: Jürgen Schaetzke EDV Beratung & Programmierung; Tamagotchi (Firma Bandai)
Seite 32: privat; www.flickr.com/photos/maclir/16080545
Seite 33: Buchcover Samuel P. Huntington: The Clash of Civilizations and the Remaking of World Order, Simon&Schuster; Christel Gerstenberg/CORBIS, Hugo Jaeger/Time & Life Pictures/Getty Images
Seite 34: aus John Pawson: Minimum, Phaidon Press Ltd., aus Thomas Kalak: Thailand same same, but different, rupa publishing
Seite 35: aus Max Borka, Pierre Doze u.a.: Big-Game; Stichting Kunst Boek; Buchcover Tanizaki Jun'ichiro: Lob des Schattens, Manesse Verlag; Buchcover John Maeda: Simplicity, Spektrum; Dieter Rams
Seite 36: Instituto Geográfico Militar; http://www.thata.ch/karteromagi137kb.gif; www.apple.com/de/iphone/features/home-screen.html
Seite 37: aus dem Film The Tribe; aus Zeek – A Jewish Journal of Thought & Culture
Seite 38: Wikimedia Commons, Emser Depesche; ZWILLING J.A. HENCKELS, Rasiermesser
Seite 39: picture-alliance/dpa/Rainer Jensen; aus einer Dokumentation des Norddeutschen Rundfunks zum G8-Gipfel 2007 in Heiligendamm; DLR
Seite 40: London Evening Standard
Seite 41: ddp images/AP/Fritz Reiss (14.12.1982); aus dem Film Mr Smith goes to Washington; www.von-stackelberg.de/bilder/wiener-kongress.jpg
Seite 42: Philippe Halsman; Kampagne von Fritz Bühler für Stuyvesant; aus Marcus Fairs: 21st century design, Carlton Books
Seite 43: Maxenia, Regalleiter „Used Look", Artikelnummer 3414086; Kampagne von MAB für BMW
Seite 44: media.photobucket.com/image/knowing%20the%20enemy%20sun%20tzu/foxyand wolfy/SunTzu.jpg
Seite 45: 1978 Joe Shere/mptvimages.com; Giles Sutehall, Head of Digital Communication of BP
Seite 46: Stern-Cover (Ausgabe vom 25. April 1983); http://www.biodiversityexplorer.org/butterflies/images/enb05782.jpg; http://www.biodiversityexplorer.org/butterflies/images/enb05783.jpg;
Seite 47: Buchcover Peter Ruggenthaler: Stalins großer Bluff, Oldenburg; Wikimedia Commons, U. S. Naval Historical Center Photograph; Wikimedia Commons, Deutsches Bundesarchiv, Bild 183-B16002
Seite 48: Wikimedia Commons, Vanity Fair Magazine vom 29.01.1881; Andy Davey
Seite 49: http://www.bds-info.ch ; http://www.gmo-free-regions.org; GirlsOnHorses (Auer, Egermann, Straganz, Wieger), Abbildung aus „Strike, She Said!", 2007, Foto: Eva Egermann
Seite 50: aus dem Film Die Feuerzangenbowle
Seite 51: Buchcover Neil Postman: Wir amüsieren uns zu Tode, Fischer; Wikimedia Commons, Kok Leng Yeo
Seite 52: http://www.tijet.de/images/070223-eu_flagge_8cm_gif-rw.gif; privat
Seite 53: Bayerisches Landesamt für Denkmalpflege; Getty Images/Imagno
Seite 54: Dr. Best®/GlaxoSmithKline Consumer Healthcare GmbH & Co. KG; Buchcover Carl con Clausewitz: On War, Princeton University Press; Buchcover der chinesischen Übersetzung von Wilhelm v. Schramms Clausewitz: Leben und Werk, Shangwu Yinshuguan
Seite 55: www.flickr.com/photos/lch4/2426163531/; New York University Archives
Seite 56: Wikimedia Commons, Carol M. Highsmith
Seite 57: Buchcover Kenya Hara: Designing Design, Lars Müller Publishers; aus: Andreas Papadakis: Dekonstruktivismus, Klett-Cotta; aus: Werner Gaede: Abweichen von der Norm, Herbig

Seite 58: http://www.flickr.com/photos/ableman/323256101/; http://blogs.taz.de/latinorama/files/2009/06/a01.jpg

Seite 59: Buchcover John von Neumann/Oskar Morgenstern: Theory of Games and Economic Behavior, Princeton University Press; privat

Seite 60: Ulrich Ladurner; Wired-Cover (Ausgabe vom 14. Juli 2006)

Seite 61: GABA GmbH; L. Brian Stauffer; aus: Art Directors Club für Deutschland: ADC-Buch/02, Hermann Schmidt Verlag

Seite 62: Wikimedia Commons, Mike 1024; Patrick Le Barbenchon

Seite 63: Wikimedia Commons, 4028mdk09; Wikimedia Commons, I. Panteleon; Wikimedia Commons, Fremantleboy

Seite 64: http://www.skydancingtantra.de/bilder/hg/Skydancingtantra_Tanka_Special.jpg; http://www.flickr.com/photos/philippeleroyer/536418924/

Seite 65: Bettmann/CORBIS; beide Grafiken: Tiglet Aslan

Seite 66: REUTERS/David Mdzinarishvili; http://blogs.taz.de/hausmeisterblog/files/2009/05/anbaupoller.jpg

Seite 67: University of Texas Libraries, The University of Texas at Austin; aus: Management & Computer, MC 6/2002

Seite 68: Wikimedia Commons, Salimfadhley

Seite 69: REUTERS/Morris Mac Matzen; Getty Images/John Dominis

Seite 70: http://artschoolvets.com/news/wp-content/uploads/2008/09/grandmaster_flash05.jpg; CORBIS; Logo von Netscape; Logo von Google; Buchcover Al Ries/Jack Trout: The 22 Immutable Laws of Marketing, Profile Books

Seite 71: nach: The Annuals of Annuals. Best of European Design & Advertising 2005 (Bodeninstallation der Agentur Heine/Lenz/Zizka Projekte GmbH)

Seite 72: ddp images/AP/FRANKA BRUNS; Hundeleine von Flexi-Bogdahn International

Seite 73: http://www.flickr.com/photos/72735808@N00/3156402693/; nach: Michael E. Porter: Competitive Strategy, The Free Press

Seite 74: http://www.desktop-bilder.com/images/wallpapers/46-griechenland-flagge.jpg; Eisenmedaille „Gold gab ich zur Wehr – Eisen nahm ich zur Ehr"

Seite 75: http://shirtpoint.com/images/hartzIV-01.jpg; Plakat zum Wettbewerb von Jugend forscht 2009

Seite 76: Kampagne von Doyle, Dane und Bernbach (DDB) für VW; Getty Images/Hulton Archive

Seite 77: Briefmarke zur Werkbundausstellung „Die Form" von Richard Herre

Seite 78: picture-alliance/dpa/Frederico Gambarini; Buchcover Sören Kierkegaard: Entweder – Oder, dtv

Seite 79: Filmplakat zu Christiane F. – Wir Kinder vom Bahnhof Zoo; REUTERS/Shannon Stapleton

Seite 80: http://img.allposters.com/6/LRG/16/1654/NEJGD00Z.jpg; PANOS Pictures, Foto: Martin Adler

Seite 81: aus: Volume No. 18/2008, Archis Foundation; aus: Art Directors Club für Deutschland: ADC-Buch 2000, Hermann Schmidt Verlag; Buchcover Seth Godin: The Guerilla Marketing Handbook, Mariner Books

Seite 82: Mosaik aus dem 5. Jahrhundert in der Cappella Arcivescovile, Ravenna; www.sportsofboston.com/wordpress/wp-content/uploads/2010/04/040510_tiger_woods.jpg

Seite 83: Kampagnen für Marlboro; Wikimedia Commons, Luis Fernández García

Seite 84: Wikimedia Commons, Bundesarchiv, B 145 Bild-F004204-0003, Doris Adrian; privat

Seite 85: beide aus: Art Directors Club für Deutschland: ADC-Buch/02, Hermann Schmidt Verlag

Seite 86: aus Christian Hoffmann/Jürgen Rockstroh: HIV 2009 – Das aktuelle Buch zur HIV-Medizin, C. Hoffmann/Medizin Fokus Verlag

Seite 87: DaimlerChrysler; Tim van Horn

Seite 88: Management Circle AG; http://www.mormo.de/231107-Fahrt_nach_Frankfurt/Raucherbereich.jpg, H. Sulzer

Seite 89: privat; Eine Welt e.V. Leipzig

Seite 90: Lipton, Englewood Cliffs, NJ

Seite 91: http://gunnarsohn.files.wordpress.com/2010/01/vebacom.jpg; http://gunnarsohn.files.wordpress.com/2010/01/otelo-003.jpg; Nayme Kaplıca

Seite 92: Sean Connery als James Bond; Nayme Kaplıca

Seite 93: ZumaPress; Nayme Kaplıca; Logo von Linux

Seite 94: www.photobucket.com; picture-alliance/dpa/Carsten Rehder

Seite 95: deutsch.wsl.edu.pl/dateien/kinder/kubala/cutout-cookies.jpg; privat

Seite 96: picture-alliance/dpa/Ulrich Perrey/lno; Banderole einer Anti-Einstein-Schrift von 1923

Seite 97: geoconger.files.wordpress.com/2008/03/west-papua-flag.jpg; Logo von

Microsoft Windows; zivilluftfahrt.net/IF-SW-Airports/SXF/Besucherterasse_SXF_1_re-
size.JPG
Seite 98: Kampagne für Heineken; Kampagne für ThyssenKrupp
Seite 99: aus Uta Brandes/Michael Erlhoff: Non Intentional Design, Daab; Art Direc-
tors Club für Deutschland
Seite 100: Louis Vuitton (Garbage Bag); ddp images/AP/Kathy Willens
Seite 101: Kampagne von Heimat für Hornbach; Buchcover Georg Franck: Ökonomie der
Aufmerksamkeit, Hanser; U.S. Department of State Website: Colin L. Powell's Präsen-
tation vor dem U.N. Security Council am 5. Februar 2003
Seite 102: Trinkpäckchen von Naoto Fukasawa; Wikimedia Commons, Sandilya Theuerkauf
Seite 103: Camouflagemuster; Ty Nant-Wasserflaschen von Ross Lovegrove; James
Mollison
Seite 104: http://blog.nz-online.de/peltner/files/2009/08/adolph-obama.jpg
Seite 105: aus dem Film Wenn der Schwanz mit dem Hund wedelt; aus: Headquarters,
Department of the Army, Washington, DC, 1 October 1999, Field Manual 100-10-1
Seite 106: Kampagne von Armando Testa für Lancia; Kampagne von Ogilvy für WWF
Seite 107: www.informdoku.de; BILD vom 20. April 2005
Seite 108: Getty Images/Louie Psihoyos; Bierdeckel der Brauerei Bahrmann
Seite 109: Wikimedia Commons, Johann Maria Farina; http://upload.wikimedia.org/
wikipedia/commons/4/47/Flag_of_Liechtenstein.svg
Seite 110: Spiegel-Cover (Heft 46/2002); http://www.payer.de/arbeitkapital/ar-
beit10204.gif
Seite 111: Greenhouse Infopool; www.briansolis.com
Seite 112: Dr. Best®/GlaxoSmithKline Consumer Healthcare GmbH & Co. KG; Cicero-
Cover (Ausgabe von Dezember 2007)
Seite 113: Screenshot der Internetseite www.Google.de; Kampagne von BBDO für Daim-
lerChrysler
Seite 114: Kampagne von KNSK für die SPD; http://ais.badische-zeitung.de/piece/00/
b6/92/48/11965000.jpg
Seite 115: picture-alliance/dpa/ZB/Stefan Sauer/lmv; Banksy Unmasked
Seite 116: Lady Gaga; Buchcover David Riesman: The Lonely Crowd, Yale University
Press; Buchcover Hans Domizlaff: Die Gewinnung des öffentlichen Vertrauens, Marke-
ting Journal
Seite 117: privat; privat
Seite 118: aus der Sendung Tagesschau; Sport-Informations-Dienst
Seite 119: http://www.linke-t-shirts.de/Erst-wenn-der-letzte-Baum-gerodet_in-
dex103644.htm; http://www.welt.de/multimedia/archive/1257428708000/00950/inter-
net_BM_Wissens_950201g.jpg; Buchcover Robert K. Merton: Social Theory and Social
Culture, Free Press
Seite 120: Cover der Single "God Save the Queen" von den Sex Pistols; LCI
Seite 121: SWR 2008; Kampagne von Scholz & Friends für Obst & Gemüse Schäfer
Seite 122: Gregory Peck; www.californiahistorian.com/articles/hall-of-fame.html;
Logo von Intel Inside
Seite 123: Caspar David Friedrich: Der Wanderer über dem Nebelmeer (STIFTUNG für
die HAMBURGER KUNSTSAMMLUNGEN); Persil-Werbung
Seite 124: privat; Nayme Kaplıca; Nayme Kaplıca
Seite 125: http://www.flickr.com/photos/darkhairedgirl/381086278/; Buchcover Claude
E. Shannon/Warren Weaver: The Mathematical Theory of Communication, University of
Illinois Press
Seite 126: aus: Art Directors Club für Deutschland: ADC-Buch/02, Hermann Schmidt
Verlag; Milan Mijalkovic
Seite 127: Spiegel-Cover (Heft 7/2001); aus Marcus Fairs: 21st century design,
Carlton Books; Linda Kahrl
Seite 128: Nasa; aus einem TV-Spot für Dacia; Tiglet Aslan
Seite 129: Buchcover Thomas S. Kuhn: Die Struktur wissenschaftlicher Revolutionen,
Suhrkamp 2003; Wikimedia Commons, Musée du Louvre Paris
Seite 130: aus: Art Directors Club für Deutschland: ADC-Buch 2000, Hermann Schmidt
Verlag; Stern-Cover (Ausgabe vom 6. Juni 1971)
Seite 131: Kampagne von Oliviero Toscani für United Colors of Benetton; Buchcover
Naomi Klein: The Shock Doctrine, Picador; Buchcover Milton Friedman: Capitalism and
Freedom, University Of Chicago Press
Seite 132: aus: Stéphane Pincas/Marc Loiseau: Eine Geschichte der Werbung, Taschen
Seite 133: Sinus-Institut, Heidelberg
Seite 134: aus: Wally Olins: The Brand Handbook, Thames & Hudson
Seite 135: privat; Buchcover Karl Gerstner: Programme entwerfen, Lars Müller Pub-
lishers; aus: Karl Gerstner, Programme entwerfen, Lars Müller Publishers

Bibliografische Informationen der Deutschen Nationalbibliothek:
Die Deutsche Nationalbibliothek verzeichnet diese Publikation in der
Deutschen Nationalbibliografie. Detaillierte bibliografische Daten
sind im Internet unter http://dnb.d-nb.de abrufbar.
ISBN 978-3-593-39350-6

Herausgeber, Editorial Design: Dr. Rainer Zimmermann
Redaktion: Tiglet Aslan
Lektorat: Dr. Eva Breßler
Umschlaggestaltung, Konzept und Gestaltung: Nayme Kaplıca
Druck und Bindung: Beltz Druckpartner, Hemsbach
Typografie: FedraSans |Light, Normal, Medium|, FedraMono |Light, Normal|
Papier: Munken Lynx Rough
Printed in Germany

Besuchen Sie uns im Internet: www.campus.de